用Python
写网络爬虫

（第2版）

**Python
Web Scraping**
Second Edition

[德] 凯瑟琳·雅姆尔（Katharine Jarmul） 著
[澳] 理查德·劳森（Richard Lawson）

李斌 译

人民邮电出版社
北京

图书在版编目（CIP）数据

用 Python 写网络爬虫：第 2 版 / （德）凯瑟琳·雅姆尔（Katharine Jarmul），（澳）理查德·劳森（Richard Lawson）著；李斌译. -- 北京：人民邮电出版社，2018.8
ISBN 978-7-115-47967-9

Ⅰ. ①用… Ⅱ. ①凯… ②理… ③李… Ⅲ. ①软件工具—程序设计 Ⅳ. ①TP311.561

中国版本图书馆CIP数据核字(2018)第043962号

版权声明

Copyright © Packt Publishing 2017. First published in the English language under the title Python Web Scraping (Second Edition).
All Rights Reserved.

本书由英国 Packt Publishing 公司授权人民邮电出版社出版。未经出版者书面许可，对本书的任何部分不得以任何方式或任何手段复制和传播。
版权所有，侵权必究。

◆ 著 ［德］凯瑟琳·雅姆尔（Katharine Jarmul）
　　　［澳］理查德·劳森（Richard Lawson）
　译　　　李　斌
　责任编辑　傅道坤
　责任印制　焦志炜

◆ 人民邮电出版社出版发行　北京市丰台区成寿寺路 11 号
邮编　100164　电子邮件　315@ptpress.com.cn
网址　http://www.ptpress.com.cn
北京天宇星印刷厂印刷

◆ 开本：800×1000　1/16
印张：13.25　　　　　2018 年 8 月第 1 版
字数：183 千字　　　 2024 年 9 月北京第 20 次印刷
著作权合同登记号　图字：01-2017-8623 号

定价：49.00 元
读者服务热线：(010)81055410　印装质量热线：(010)81055316
反盗版热线：(010)81055315
广告经营许可证：京东市监广登字 20170147 号

内容提要

本书讲解了如何使用 Python 来编写网络爬虫程序，内容包括网络爬虫简介，从页面中抓取数据的 3 种方法，提取缓存中的数据，使用多个线程和进程进行并发抓取，抓取动态页面中的内容，与表单进行交互，处理页面中的验证码问题，以及使用 Scarpy 和 Portia 进行数据抓取，并在最后介绍了使用本书讲解的数据抓取技术对几个真实的网站进行抓取的实例，旨在帮助读者活学活用书中介绍的技术。

本书适合有一定 Python 编程经验而且对爬虫技术感兴趣的读者阅读。

关于作者

Katharine Jarmul 是德国柏林的一位数据科学家和 Python 支持者。她经营了一家数据科学咨询公司——Kjamistan，为不同规模的企业提供诸如数据抽取、采集以及建模的服务。她从 2008 年开始使用 Python 进行编程，从 2010 年开始使用 Python 抓取网站，并且在使用网络爬虫进行数据分析和机器学习的不同规模的初创企业中工作过。读者可以通过 Twitter（@kjam）关注她的想法以及动态。

Richard Lawson 来自澳大利亚，毕业于墨尔本大学计算机科学专业。毕业后，他创办了一家专注于网络爬虫的公司，为超过 50 个国家的业务提供远程工作。他精通世界语，可以使用汉语和韩语对话，并且积极投身于开源软件事业。他目前正在牛津大学攻读研究生学位，并利用业余时间研发自主无人机。

关于审稿人

Dimitrios Kouzis-Loukas 在为大小型组织提供软件系统方面拥有超过 15 年的经验。他近期的项目通常是具有超低延迟及高可用性要求的分布式系统。他是语言无关论者，不过对 C++ 和 Python 略有偏好。他对开源有着坚定的信念，他希望他的贡献能够造福于各个社区和全人类。

Lazar Telebak 是一位自由的 Web 开发人员，专注于使用 Python 库/框架进行网络抓取、爬取和网页索引的工作。

他主要从事于处理自动化和网站抓取、爬取以及导出数据到不同格式（包括 CSV、JSON、XML 和 TXT）和数据库（如 MongoDB、SQLAlchemy 和 Postgres）的项目。

Lazer 还拥有前端技术和语言的经验，包括 HTML、CSS、JavaScript 和 jQuery。

前言

互联网包含了迄今为止最有用的数据集,并且大部分可以免费公开访问。但是,这些数据难以复用。它们被嵌入在网站的结构和样式当中,需要抽取出来才能使用。从网页中抽取数据的过程又称为网络爬虫,随着越来越多的信息被发布到网络上,网络爬虫也变得越来越有用。

本书使用的所有代码均已使用 Python 3.4+测试通过,并且可以在异步社区下载到。

本书内容

第 1 章,网络爬虫简介,介绍了什么是网络爬虫,以及如何爬取网站。

第 2 章,数据抓取,展示了如何使用几种库从网页中抽取数据。

第 3 章,下载缓存,介绍了如何通过缓存结果避免重复下载的问题。

第 4 章,并发下载,教你如何通过并行下载网站加速数据抓取。

第 5 章,动态内容,介绍了如何通过几种方式从动态网站中抽取数据。

第 6 章,表单交互,展示了如何使用输入及导航等表单进行搜索和登录。

第 7 章,验证码处理,阐述了如何访问被验证码图像保护的数据。

第 8 章,Scrapy,介绍了如何使用 Scrapy 进行快速并行的抓取,以及使用 Portia 的 Web 界面构建网络爬虫。

第 9 章,综合应用,对你在本书中学到的网络爬虫技术进行总结。

阅读本书的前提

为了有助于阐明爬取示例,我们创建了一个示例网站,其网址为 `http://example.python-scraping.com`。用于生成该网站的源代码可以从异步社区获取到,其中包含了如何自行搭建该网站的说明。如果你愿意的话,也可以自己搭建它。

我们决定为本书示例搭建一个定制网站,而不是抓取活跃的网站,这样我们就对环境拥有了完全控制。这种方式提供了稳定性,因为活跃的网站要比书中的定制网站更新更加频繁,当你尝试运行爬虫示例时,代码可能已经无法工作。另外,定制网站允许我们自定义示例,便于阐释特定技巧并避免其他干扰。最后,活跃的网站可能并不欢迎我们使用它作为学习网络爬虫的对象,并且可能会封禁我们的爬虫。使用我们自己定制的网站可以规避这些风险,不过在这些例子中学到的技巧确实也可以应用到这些活跃的网站当中。

本书读者

本书假设你已经拥有一定的编程经验,并且本书很可能不适合零基础的初学者阅读。本书中的网络爬虫示例需要你具有 Python 语言以及使用 pip 安装模块的能力。如果你想复习一下这些知识,有一本非常好的免费在线书籍可以使用,其书名为 Dive Into Python,作者为 Mark Pilgrim,读者可在网上搜索并阅读。这本书也是我初学 Python 时所使用的资源。

此外,这些例子还假设你已经了解网页是如何使用 HTML 进行构建并通过 JavaScript 进行更新的知识。关于 HTTP、CSS、AJAX、WebKit 以及 Redis 的既有知识也很有用,不过它们不是必需的,这些技术会在需要使用时进行介绍。

资源与支持

本书由异步社区出品,社区(https://www.epubit.com/)为您提供相关资源和后续服务。

配套资源

本书提供如下资源:
- 本书源代码;
- 构建本书实例网站的源码。

要获得以上配套资源,请在异步社区本书页面中点击 配套资源 ,跳转到下载界面,按提示进行操作即可。注意:为保证购书读者的权益,该操作会给出相关提示,要求输入提取码进行验证。

提交勘误

作者和编辑尽最大努力来确保书中内容的准确性,但难免会存在疏漏。欢迎您将发现的问题反馈给我们,帮助我们提升图书的质量。

当您发现错误时,请登录异步社区,按书名搜索,进入本书页面,点击"提交勘误",输入勘误信息,点击"提交"按钮即可。本书的作者和编辑会对您提交的勘误进行审核,确认并接受后,您将获赠异步社区的 100 积分。积分可用于在异步社区兑换优惠券、样书或奖品。

扫码关注本书

扫描下方二维码，您将会在异步社区微信服务号中看到本书信息及相关的服务提示。

与我们联系

我们的联系邮箱是 contact@epubit.com.cn。

如果您对本书有任何疑问或建议，请您发邮件给我们，并请在邮件标题中注明本书书名，以便我们更高效地做出反馈。

如果您有兴趣出版图书、录制教学视频，或者参与图书翻译、技术审校等工作，可以发邮件给我们；有意出版图书的作者也可以到异步社区在线提交投稿（直接访问 www.epubit.com/selfpublish/submission 即可）。

如果您是学校、培训机构或企业，想批量购买本书或异步社区出版的其他图书，也可以发邮件给我们。

如果您在网上发现有针对异步社区出品图书的各种形式的盗版行为，包括对图书全部或部分内容的非授权传播，请您将怀疑有侵权行为的链接发邮件给我们。您的这一举动是对作者权益的保护，也是我们持续为您提供有价值的内容的动力之源。

关于异步社区和异步图书

"**异步社区**"是人民邮电出版社旗下 IT 专业图书社区，致力于出版精品 IT 技术图书和相关学习产品，为作译者提供优质出版服务。异步社区创办于 2015 年 8 月，提供大量精品 IT 技术图书和电子书，以及高品质技术文章和视频课程。更多详情请访问异步社区官网 https://www.epubit.com。

"**异步图书**"是由异步社区编辑团队策划出版的精品 IT 专业图书的品牌，依托于人民邮电出版社近 30 年的计算机图书出版积累和专业编辑团队，相关图书在封面上印有异步图书的 LOGO。异步图书的出版领域包括软件开发、大数据、AI、测试、前端、网络技术等。

异步社区

微信服务号

目录

第1章 网络爬虫简介 1
1.1 网络爬虫何时有用 1
1.2 网络爬虫是否合法 2
1.3 Python 3 3
1.4 背景调研 4
1.4.1 检查 robots.txt 4
1.4.2 检查网站地图 5
1.4.3 估算网站大小 6
1.4.4 识别网站所用技术 7
1.4.5 寻找网站所有者 9
1.5 编写第一个网络爬虫 11
1.5.1 抓取与爬取的对比 11
1.5.2 下载网页 12
1.5.3 网站地图爬虫 15
1.5.4 ID 遍历爬虫 17
1.5.5 链接爬虫 19
1.5.6 使用 requests 库 28
1.6 本章小结 30

第 2 章 数据抓取 31

- **2.1** 分析网页 32
- **2.2** 3 种网页抓取方法 34
  - 2.2.1 正则表达式 35
  - 2.2.2 Beautiful Soup 37
  - 2.2.3 Lxml 39
- **2.3** CSS 选择器和浏览器控制台 41
- **2.4** XPath 选择器 43
- **2.5** LXML 和家族树 46
- **2.6** 性能对比 47
- **2.7** 抓取结果 49
  - 2.7.1 抓取总结 50
  - 2.7.2 为链接爬虫添加抓取回调 51
- **2.8** 本章小结 55

第 3 章 下载缓存 56

- **3.1** 何时使用缓存 57
- **3.2** 为链接爬虫添加缓存支持 57
- **3.3** 磁盘缓存 60
  - 3.3.1 实现磁盘缓存 62
  - 3.3.2 缓存测试 64
  - 3.3.3 节省磁盘空间 65
  - 3.3.4 清理过期数据 66
  - 3.3.5 磁盘缓存缺点 68
- **3.4** 键值对存储缓存 69
  - 3.4.1 键值对存储是什么 69
  - 3.4.2 安装 Redis 70

		3.4.3 Redis 概述	71
		3.4.4 Redis 缓存实现	72
		3.4.5 压缩	74
		3.4.6 测试缓存	75
		3.4.7 探索 requests-cache	76
	3.5	本章小结	78

第 4 章 并发下载 — 79

4.1	100 万个网页	79
4.2	串行爬虫	82
4.3	多线程爬虫	83
4.4	线程和进程如何工作	83
	4.4.1 实现多线程爬虫	84
	4.4.2 多进程爬虫	87
4.5	性能	91
4.6	本章小结	94

第 5 章 动态内容 — 95

5.1	动态网页示例	95
5.2	对动态网页进行逆向工程	98
5.3	渲染动态网页	104
	5.3.1 PyQt 还是 PySide	105
	5.3.2 执行 JavaScript	106
	5.3.3 使用 WebKit 与网站交互	108
5.4	渲染类	111
5.5	本章小结	117

第 6 章 表单交互 119

6.1 登录表单 120
6.2 支持内容更新的登录脚本扩展 128
6.3 使用 Selenium 实现自动化表单处理 132
6.4 本章小结 135

第 7 章 验证码处理 136

7.1 注册账号 137
7.2 光学字符识别 140
7.3 处理复杂验证码 144
7.4 使用验证码处理服务 144
7.4.1 9kw 入门 145
7.4.2 报告错误 150
7.4.3 与注册功能集成 151
7.5 验证码与机器学习 153
7.6 本章小结 153

第 8 章 Scrapy 154

8.1 安装 Scrapy 154
8.2 启动项目 155
8.2.1 定义模型 156
8.2.2 创建爬虫 157
8.3 不同的爬虫类型 162
8.4 使用 shell 命令抓取 163
8.4.1 检查结果 165
8.4.2 中断与恢复爬虫 167

8.5 使用 Portia 编写可视化爬虫 170
8.5.1 安装 170
8.5.2 标注 172
8.5.3 运行爬虫 176
8.5.4 检查结果 176
8.6 使用 Scrapely 实现自动化抓取 177
8.7 本章小结 178

第 9 章 综合应用 179
9.1 Google 搜索引擎 179
9.2 Facebook 184
9.2.1 网站 184
9.2.2 Facebook API 186
9.3 Gap 188
9.4 宝马 192
9.5 本章小结 196

第 1 章
网络爬虫简介

欢迎来到网络爬虫的广阔天地！网络爬虫被用于许多领域，收集不太容易以其他格式获取的数据。你可能是正在撰写新报道的记者，也可能是正在抽取新数据集的数据科学家。即使你只是临时的开发人员，网络爬虫也是非常有用的工具，比如当你需要检查大学网站上最新的家庭作业并且希望通过邮件发送给你时。无论你的动机是什么，我们都希望你已经准备好开始学习了！

在本章中，我们将介绍如下主题：

- 网络爬虫领域简介；
- 解释合法性质疑；
- 介绍 Python 3 安装；
- 对目标网站进行背景调研；
- 逐步完善一个高级网络爬虫；
- 使用非标准库协助抓取网站。

1.1 网络爬虫何时有用

假设我有一个鞋店，并且想要及时了解竞争对手的价格。我可以每天访问他们的网站，与我店铺中鞋子的价格进行对比。但是，如果我店铺中的鞋类品种繁多，或是希望能够更加频繁地查看价格变化的话，就需要花费大量的时间，甚至难以实现。再举一个例子，我看中了一双鞋，想等到它促销时再购买。我可能需要每天访问这家鞋店的网站来查看这双鞋是否降价，也许需要等待几个月的时间，我才能如愿盼到这双鞋促销。上述这两个重复性的手工流程，都可以利用本书介绍的网络爬虫技术实现自动化处理。

在理想状态下，网络爬虫并不是必需品，每个网站都应该提供 API，以结构化的格式共享它们的数据。然而在现实情况中，虽然一些网站已经提供了这种 API，但是它们通常会限制可以抓取的数据，以及访问这些数据的频率。另外，网站开发人员可能会变更、移除或限制其后端 API。总之，我们不能仅仅依赖于 API 去访问我们所需的在线数据，而是应该学习一些网络爬虫技术的相关知识。

1.2 网络爬虫是否合法

尽管在过去 20 年间已经做出了诸多相关裁决，不过网络爬虫及其使用时法律所允许的内容仍然处于建设当中。如果被抓取的数据用于个人用途，且在合理使用版权法的情况下，通常没有问题。但是，如果这些数据会被重新发布，并且抓取行为的攻击性过强导致网站宕机，或者其内容受版权保护，抓取行为违反了其服务条款的话，那么则有一些法律判例可以提及。

在 Feist Publications, Inc. 起诉 Rural Telephone Service Co. 的案件中，美国联邦最高法院裁定抓取并转载真实数据（比如，电话清单）是允许的。在澳大利亚，Telstra Corporation Limited 起诉 Phone Directories Company Pty Ltd 这一类似案件中，则裁定只有拥有明确作者的数据，才可以受到版权的保护。而在另一起发生于美国的美联社起诉融文集团的内容抓取案件中，则裁定对美联社新闻重新聚合为新产品的行为是侵犯版权的。此外，在欧盟的 ofir.dk 起诉 home.dk 一案中，最终裁定定期抓取和深度链接是允许的。

还有一些案件中，原告控告一些公司抓取强度过大，尝试通过法律手段停止其抓取行为。在最近的 QVC 诉讼 Resultly 的案件中，最终裁定除非抓取行为造成了私人财产损失，否则不能被认定为故意侵害，即使爬虫活动导致了部分站点的可用性问题。

这些案件告诉我们，当抓取的数据是现实生活中真实的公共数据（比如，营业地址、电话清单）时，在遵守合理的使用规则的情况下是允许转载的。但是，如果是原创数据（比如，意见和评论或用户隐私数据），通常就会受到版权限制，而不能转载。无论如何，当你抓取某个网站的数据时，请记住自己是该网站的访客，应当约束自己的抓取行为，否则他们可能会封禁你的 IP，甚至采取更进一步的法律行动。这就要求下载请求的速度需要限定在一个合理值之内，并且还需要设定一个专属的用户代理来标识自己的爬虫。你还应该设法查看网站的服务条款，确保你所获取的数据不是私有或受版权保护的内容。

如果你还有疑虑或问题，可以向媒体律师咨询你所在地区的相关判例。

你可以自行搜索下述法律案件的更多信息。

- Feist Publications Inc. 起诉 Rural Telephone Service Co. 的案件。
- Telstra Corporation Limited 起诉 Phone Directories Company Pvt Ltd 的案件。
- 美联社起诉融文集团的案件。
- ofir.dk 起诉 home.dk 的案件。
- QVC 起诉 Resultly 的案件。

1.3　Python 3

在本书中，我们将完全使用 Python 3 进行开发。Python 软件基金会已经宣布 Python 2 将会被逐步淘汰，并且只支持到 2020 年；出于该原因，我们和许多其他 Python 爱好者一样，已经将开发转移到对 Python 3 的支持当中，在本书中我们将使用 3.6 版本。本书代码将兼容 Python 3.4+的版本。

如果你熟悉 Python Virtual Environments 或 Anaconda 的使用，那么你可能已经知道如何在一个新环境中创建 Python 3 了。如果你希望以全局形式安装 Python 3，那么我们推荐你搜索自己使用的操作系统的特定文档。就我而言，我会直接使用 **Virtual Environment Wrapper**(https://virtualenvwrapper.readthedocs.io/en/latest)，这样就可以很容易地对不同项目和 Python 版本使用多个不同的环境了。使用 Conda 环境或虚拟环境是最为推荐的，这样你就可以轻松变更基于项目需求的依赖，而不会影响到你正在做的其他工作了。对于初学者来说，我推荐使用 Conda，因为其需要的安装工作更少一些。

Conda 的介绍文档（https://conda.io/docs/intro.html）是一个不错的开始！

从此刻开始，所有代码和命令都假设你已正确安装 Python 3 并且正在使用 Python 3.4+的环境。如果你看到了导入或语法错误，请检查你是否处于正确的环境当中，查看跟踪信息中是否存在 Python 2.7 的文件路径。

1.4 背景调研

在深入讨论爬取一个网站之前，我们首先需要对目标站点的规模和结构进行一定程度的了解。网站自身的 robots.txt 和 Sitemap 文件都可以为我们提供一定的帮助，此外还有一些能提供更详细信息的外部工具，比如 Google 搜索和 WHOIS。

1.4.1 检查 robots.txt

大多数网站都会定义 robots.txt 文件，这样可以让爬虫了解爬取该网站时存在哪些限制。这些限制虽然是仅仅作为建议给出，但是良好的网络公民都应当遵守这些限制。在爬取之前，检查 robots.txt 文件这一宝贵资源可以将爬虫被封禁的可能性降至最低，而且还能发现和网站结构相关的线索。

关于 robots.txt 协议的更多信息可以参见 http://www.robotstxt.org。下面的代码是我们的示例文件 robots.txt 中的内容，可以访问 http://example.python-scraping.com/robots.txt 获取。

```
# section 1
User-agent: BadCrawler
Disallow: /

# section 2
User-agent: *
Crawl-delay: 5
Disallow: /trap

# section 3
Sitemap: http://example.python-scraping.com/sitemap.xml
```

在 section 1 中，robots.txt 文件禁止用户代理为 BadCrawler 的爬虫爬取该网站，不过这种写法可能无法起到应有的作用，因为恶意爬虫根本不会遵从 robots.txt 的要求。本章后面的一个例子将会展示如何让爬虫自动遵守 robots.txt 的要求。

section 2 规定，无论使用哪种用户代理，都应该在两次下载请求之间给出 5 秒的抓取延迟，我们需要遵从该建议以避免服务器过载。这里还有一个 /trap 链接，用于封禁那些爬取了不允许访问的链接的恶意爬虫。如果你访问了这个链接，服务器就会封禁你的 IP 一分钟！一个真实的网站可能会对你的 IP 封禁更长时间，甚至是永久封禁。不过如果这样设置的话，我们就无法继续这个例子了。

section 3 定义了一个 Sitemap 文件，我们将在下一节中了解如何检查该文件。

1.4.2　检查网站地图

网站提供的 Sitemap 文件（即网站地图）可以帮助爬虫定位网站最新的内容，而无须爬取每一个网页。如果想要了解更多信息，可以从 http://www.

sitemaps.org/protocol.html 获取网站地图标准的定义。许多网站发布平台都有自动生成网站地图的能力。下面是在 robots.txt 文件中定位到的 Sitemap 文件的内容。

```
<?xml version="1.0" encoding="UTF-8"?>
<urlset xmlns="http://www.sitemaps.org/schemas/sitemap/0.9">
  <url><loc>http://example.python-scraping.com/view/Afghanistan-1</loc>
  </url>
  <url><loc>http://example.python-scraping.com/view/Aland-Islands-2</loc>
  </url>
  <url><loc>http://example.python-scraping.com/view/Albania-3</loc>
  </url>
  ...
</urlset>
```

网站地图提供了所有网页的链接，我们会在后面的小节中使用这些信息，用于创建我们的第一个爬虫。虽然 Sitemap 文件提供了一种爬取网站的有效方式，但是我们仍需对其谨慎处理，因为该文件可能存在缺失、过期或不完整的问题。

1.4.3　估算网站大小

目标网站的大小会影响我们如何进行爬取。如果是像我们的示例站点这样只有几百个 URL 的网站，效率并没有那么重要；但如果是拥有数百万个网页的站点，使用串行下载可能需要持续数月才能完成，这时就需要使用第 4 章中介绍的分布式下载来解决了。

估算网站大小的一个简便方法是检查 Google 爬虫的结果，因为 Google 很可能已经爬取过我们感兴趣的网站。我们可以通过 Google 搜索的 site 关键词过滤域名结果，从而获取该信息。我们可以从 http://www.google.com/advanced_search 了解到该接口及其他高级搜索参数的用法。

在域名后面添加 URL 路径，可以对结果进行过滤，仅显示网站的某些部分。

同样，你的结果可能会有所不同；不过，这种附加的过滤条件非常有用，

1.4 背景调研

因为在理想情况下，你只希望爬取网站中包含有用数据的部分，而不是爬取网站的每个页面。

1.4.4 识别网站所用技术

构建网站所使用的技术类型也会对我们如何爬取产生影响。有一个十分有用的工具可以检查网站构建的技术类型——`detectem` 模块，该模块需要 Python 3.5+ 环境以及 Docker。如果你还没有安装 Docker，可以遵照 https://www.docker.com/products/overview 中你使用的操作系统所对应的说明操作。当 Docker 安装好后，你可以运行如下命令。

```
docker pull scrapinghub/splash
pip install detectem
```

上述操作将从 ScrapingHub 拉取最新的 Docker 镜像，并通过 `pip` 安装该库。为了确保不受任何更新或改动的影响，推荐使用 Python 虚拟环境（https://docs.python.org/3/library/venv.html）或 Conda 环境（https://conda.io/docs/using/envs.html），并查看项目的 ReadMe 页面（https://github.com/spectresearch/detectem）。

为什么使用环境？

假设你的项目使用了早期版本的库进行开发（比如 `detectem`），而在最新的版本中，`detectem` 引入了一些向后不兼容的变更，造成你的项目无法正常工作。但是，你正在开发的其他项目中，可能使用了更新的版本。如果你的项目使用系统中安装的 `detectem`，那么当更新库以支持其他项目时，该项目就会无法运行。

Ian Bicking 的 `virtualenv` 为解决该问题提供了一个巧妙的解决方法，该方法通过复制系统中 Python 的可执行程序及其依赖到一个本地目录中，创建了一个独立的 Python 环境。这就能够让一个项目安装指定版本的 Python 库，而不依赖于外部系统。你还可以在不同的虚拟环境中使用不同的 Python 版本。Conda 环境中使用了 Anaconda 的 Python 路径，提供了相似的功能。

detectem 模块基于许多扩展模块，使用一系列请求和响应，来探测网站使用的技术。它使用了 Splash，这是由 ScrapingHub 开发的一个脚本化浏览器。要想运行该模块，只需使用 det 命令即可。

```
$ det http://example.python-scraping.com
[('jquery', '1.11.0')]
```

我们可以看到示例网站使用了通用的 JavaScript 库，因此其内容很可能嵌入在 HTML 当中，相对来说应该比较容易抓取。

detectem 仍然相当年轻，旨在成为 Wappalyzer 的 Python 对标版本，Wappalyzer 是一个基于 Node.js 的项目，支持解析不同后端、广告网络、JavaScript 库以及服务器设置。你也可以在 Docker 中运行 Wappalyzer。首先需要下载其 Docker 镜像，运行如下命令。

```
$ docker pull wappalyzer/cli
```

然后，你可以从 Docker 实例中运行脚本。

```
$ docker run wappalyzer/cli http://example.python-scraping.com
```

输出结果不太容易阅读，不过当我们将其拷贝到 JSON 解析器中，可以看到检测出来的很多库和技术。

```
{'applications':
[{'categories': ['Javascript Frameworks'],
    'confidence': '100',
    'icon': 'Modernizr.png',
    'name': 'Modernizr',
    'version': ''},
 {'categories': ['Web Servers'],
    'confidence': '100',
    'icon': 'Nginx.svg',
    'name': 'Nginx',
    'version': ''},
 {'categories': ['Web Frameworks'],
    'confidence': '100',
```

```
            'icon': 'Twitter Bootstrap.png',
            'name': 'Twitter Bootstrap',
            'version': ''},
   {'categories': ['Web Frameworks'],
            'confidence': '100',
            'icon': 'Web2py.png',
            'name': 'Web2py',
            'version': ''},
   {'categories': ['Javascript Frameworks'],
            'confidence': '100',
            'icon': 'jQuery.svg',
            'name': 'jQuery',
            'version': ''},
   {'categories': ['Javascript Frameworks'],
            'confidence': '100',
            'icon': 'jQuery UI.svg',
            'name': 'jQuery UI',
            'version': '1.10.3'},
   {'categories': ['Programming Languages'],
            'confidence': '100',
            'icon': 'Python.png',
            'name': 'Python',
            'version': ''}],
'originalUrl': 'http://example.python-scraping.com',
'url': 'http://example.python-scraping.com'}
```

从上面可以看出，检测结果认为 Python 和 web2py 框架具有很高的可信度。我们还可以看到网站使用了前端 CSS 框架 Twitter Bootstrap。Wappalyzer 还检测到网站使用了 Modernizer.js 以及用于后端服务器的 Nginx。由于网站只使用了 JQuery 和 Modernizer，那么网站不太可能全部页面都是通过 JavaScript 加载的。而如果改用 AngularJS 或 React 构建该网站的话，此时的网站内容很可能就是动态加载的了。另外，如果网站使用了 ASP.NET，那么在爬取网页时，就必须要用到会话管理和表单提交了。对于这些更加复杂的情况，我们会在第 5 章和第 6 章中进行介绍。

1.4.5 寻找网站所有者

对于一些网站，我们可能会关心其所有者是谁。比如，我们已知网站的所有者会封禁网络爬虫，那么我们最好把下载速度控制得更加保守一些。为了找到网站的所有者，我们可以使用WHOIS协议查询域名的注册者是谁。Python中有一个针对该协议的封装库，其文档地址为 https://pypi.python.org/pypi/python-whois，我们可以通过pip进行安装。

```
pip install python-whois
```

下面是使用该模块对appspot.com这个域名进行WHOIS查询时返回结果的核心部分。

```
>>> import whois
>>> print(whois.whois('appspot.com'))
{
  ...
  "name_servers": [
    "NS1.GOOGLE.COM",
    "NS2.GOOGLE.COM",
    "NS3.GOOGLE.COM",
    "NS4.GOOGLE.COM",
    "ns4.google.com",
    "ns2.google.com",
    "ns1.google.com",
    "ns3.google.com"
  ],
  "org": "Google Inc.",
  "emails": [
    "abusecomplaints@markmonitor.com",
    "dns-admin@google.com"
  ]
}
```

从结果中可以看出该域名归属于 Google，实际上也确实如此。该域名是用于 Google App Engine 服务的。Google 经常会阻断网络爬虫，尽管实际上其自身就是一个网络爬虫业务。当我们爬取该域名时需要十分小心，因为 Google 经常会阻断抓取其服务过快的 IP；而你，或与你生活或工作在一起的人，可能需要使用 Google 的服务。我经历过在使用 Google 服务一段时间后，被要求输入验证码的情况，甚至只是在对 Google 域名运行了简单的搜索爬虫之后。

1.5 编写第一个网络爬虫

为了抓取网站，我们首先需要下载包含有感兴趣数据的网页，该过程一般称为**爬取**（crawling）。爬取一个网站有很多种方法，而选用哪种方法更加合适，则取决于目标网站的结构。本章中，我们首先会探讨如何安全地下载网页，然后会介绍如下 3 种爬取网站的常见方法：

- 爬取网站地图；
- 使用数据库 ID 遍历每个网页；
- 跟踪网页链接。

到目前为止，我们交替使用了抓取和爬取这两个术语，接下来让我们先来定义这两种方法的相似点和不同点。

1.5.1 抓取与爬取的对比

根据你所关注的信息以及站点内容和结构的不同，你可能需要进行网络抓取或是网站爬取。那么它们有什么区别呢？

网络抓取通常针对特定网站，并在这些站点上获取指定信息。网络抓取用于访问这些特定的页面，如果站点发生变化或者站点中的信息位置发生变化的话，则需要进行修改。例如，你可能想要通过网络抓取查看你喜欢的当地餐厅的每日特色菜，为了实现该目的，你需要抓取其网站中日常更新该信息的部分。

与之不同的是，网络爬取通常是以通用的方式构建的，其目标是一系列顶级域名的网站或是整个网络。爬取可以用来收集更具体的信息，不过更常见的情况是爬取网络，从许多不同的站点或页面中获取小而通用的信息，然后跟踪链接到其他页面中。

除了爬取和抓取外，我们还会在第 8 章中介绍网络爬虫。爬虫可以用来爬取指定的一系列网站，或是在多个站点甚至整个互联网中进行更广泛的爬取。

一般来说，我们会使用特定的术语反映我们的用例。在你开发网络爬虫时，可能会注意到它们在你想要使用的技术、库和包中的区别。在这些情况下，你对不同术语的理解，可以帮助你基于所使用的术语选择适当的包或技术（例如，是否只用于抓取？是否也适用于爬虫？）。

1.5.2 下载网页

要想抓取网页，我们首先需要将其下载下来。下面的示例脚本使用 Python 的 urllib 模块下载 URL。

```
import urllib.request
def download(url):
    return urllib.request.urlopen(url).read()
```

当传入 URL 参数时，该函数将会下载网页并返回其 HTML。不过，这个代码片段存在一个问题，即当下载网页时，我们可能会遇到一些无法控制的错误，比如请求的页面可能不存在。此时，urllib 会抛出异常，然后退出脚本。安全起见，下面再给出一个更稳建的版本，可以捕获这些异常。

```
import urllib.request
from urllib.error import URLError, HTTPError, ContentTooShortError

def download(url):
    print('Downloading:', url)
    try:
        html = urllib.request.urlopen(url).read()
    except (URLError, HTTPError, ContentTooShortError) as e:
        print('Download error:', e.reason)
        html = None
    return html
```

现在，当出现下载或 URL 错误时，该函数能够捕获到异常，然后返回 None。

在本书中,我们将假设你在文件中编写代码,而不是使用提示符的方式(如上述代码所示)。当你发现代码以 Python 提示符 >>> 或 IPython 提示符 In [1]: 开始时,你需要将其输入到正在使用的主文件中,或是保存文件后,在 Python 解释器中导入这些函数和类。

1. 重试下载

下载时遇到的错误经常是临时性的,比如服务器过载时返回的 503 Service Unavailable 错误。对于此类错误,我们可以在短暂等待后尝试重新下载,因为这个服务器问题现在可能已经解决。不过,我们不需要对所有错误都尝试重新下载。如果服务器返回的是 404 Not Found 这种错误,则说明该网页目前并不存在,再次尝试同样的请求一般也不会出现不同的结果。

互联网工程任务组(Internet Engineering Task Force)定义了 HTTP 错误的完整列表,从中可以了解到 4xx 错误发生在请求存在问题时,而 5xx 错误则发生在服务端存在问题时。所以,我们只需要确保 download 函数在发生 5xx 错误时重试下载即可。下面是支持重试下载功能的新版本代码。

```
def download(url, num_retries=2):
    print('Downloading:', url)
    try:
        html = urllib.request.urlopen(url).read()
    except (URLError, HTTPError, ContentTooShortError) as e:
        print('Download error:', e.reason)
        html = None
        if num_retries > 0:
            if hasattr(e, 'code') and 500 <= e.code < 600:
            # recursively retry 5xx HTTP errors
            return download(url, num_retries - 1)
    return html
```

现在,当 download 函数遇到 5xx 错误码时,将会递归调用函数自身进行重试。此外,该函数还增加了一个参数,用于设定重试下载的次数,其默认值为两次。我们在这里限制网页下载的尝试次数,是因为服务器错误可能暂时还没有恢复。想要测试该函数,可以尝试下载http://httpstat.us/500,该网址会始终返回500错误码。

```
>>> download('http://httpstat.us/500')
Downloading: http://httpstat.us/500
Download error: Internal Server Error
Downloading: http://httpstat.us/500
Download error: Internal Server Error
Downloading: http://httpstat.us/500
Download error: Internal Server Error
```

从上面的返回结果可以看出,download 函数的行为和预期一致,先尝试下载网页,在接收到500错误后,又进行了两次重试才放弃。

2. 设置用户代理

默认情况下,urllib 使用 Python-urllib/3.x 作为用户代理下载网页内容,其中 3.x 是环境当前所用 Python 的版本号。如果能使用可辨识的用户代理则更好,这样可以避免我们的网络爬虫碰到一些问题。此外,也许是因为曾经历过质量不佳的 Python 网络爬虫造成的服务器过载,一些网站还会封禁这个默认的用户代理。

因此,为了使下载网站更加可靠,我们需要控制用户代理的设定。下面的代码对 download 函数进行了修改,设定了一个默认的用户代理'wswp'(即 **Web Scraping with Python** 的首字母缩写)。

```python
def download(url, user_agent='wswp', num_retries=2):
    print('Downloading:', url)
    request = urllib.request.Request(url)
    request.add_header('User-agent', user_agent)
    try:
        html = urllib.request.urlopen(request).read()
    except (URLError, HTTPError, ContentTooShortError) as e:
        print('Download error:', e.reason)
        html = None
        if num_retries > 0:
            if hasattr(e, 'code') and 500 <= e.code < 600:
```

```
        # recursively retry 5xx HTTP errors
        return download(url, num_retries - 1)
return html
```

现在，如果你再次尝试访问meetup.com，就能够看到一个合法的HTML了。我们的下载函数可以在后续代码中得到复用，该函数能够捕获异常、在可能的情况下重试网站以及设置用户代理。

1.5.3 网站地图爬虫

在第一个简单的爬虫中，我们将使用示例网站robots.txt文件中发现的网站地图来下载所有网页。为了解析网站地图，我们将会使用一个简单的正则表达式，从<loc>标签中提取出URL。

我们需要更新代码以处理编码转换，因为我们目前的download函数只是简单地返回了字节。而在下一章中，我们将会介绍一种更加稳健的解析方法——**CSS选择器**。下面是该示例爬虫的代码。

```
import re

def download(url, user_agent='wswp', num_retries=2, charset='utf-8'):
    print('Downloading:', url)
    request = urllib.request.Request(url)
    request.add_header('User-agent', user_agent)
    try:
        resp = urllib.request.urlopen(request)
        cs = resp.headers.get_content_charset()
        if not cs:
            cs = charset
        html = resp.read().decode(cs)
    except (URLError, HTTPError, ContentTooShortError) as e:
        print('Download error:', e.reason)
        html = None
        if num_retries > 0:
            if hasattr(e, 'code') and 500 <= e.code < 600:
                # recursively retry 5xx HTTP errors
                return download(url, num_retries - 1)
    return html
```

```
def crawl_sitemap(url):
    # download the sitemap file
    sitemap = download(url)
    # extract the sitemap links
    links = re.findall('<loc>(.*?)</loc>', sitemap)
    # download each link
    for link in links:
        html = download(link)
        # scrape html here
        # ...
```

现在，运行网站地图爬虫，从示例网站中下载所有国家或地区页面。

```
>>> crawl_sitemap('http://example.python-scraping.com/sitemap.xml')
Downloading: http://example.python-scraping.com/sitemap.xml
Downloading: http://example.python-scraping.com/view/Afghanistan-1
Downloading: http://example.python-scraping.com/view/Aland-Islands-2
Downloading: http://example.python-scraping.com/view/Albania-3
...
```

正如上面代码中的 download 方法所示，我们必须更新字符编码才能利用正则表达式处理网站响应。Python 的 read 方法返回字节，而正则表达式期望的则是字符串。我们的代码依赖于网站维护者在响应头中包含适当的字符编码。如果没有返回字符编码头部，我们将会把它设置为默认值 UTF-8，并抱有最大的希望。当然，如果返回头中的编码不正确，或是编码没有设置并且也不是 UTF-8 的话，则会抛出错误。还有一些更复杂的方式用于猜测编码（参见 https://pypi.python.org/pypi/chardet），该方法非常容易实现。

到目前为止，网站地图爬虫已经符合预期。不过正如前文所述，我们无法依靠 Sitemap 文件提供每个网页的链接。下一节中，我们将会介绍另一个简单的爬虫，该爬虫不再依赖于 Sitemap 文件。

 如果你在任何时候不想再继续爬取，可以按下 Ctrl + C 或 cmd + C 退出 Python 解释器或执行的程序。

1.5.4 ID遍历爬虫

本节中,我们将利用网站结构的弱点,更加轻松地访问所有内容。下面是一些示例国家(或地区)的URL。

- `http://example.python-scraping.com/view/Afghanistan-1`
- `http://example.python-scraping.com/view/Australia-2`
- `http://example.python-scraping.com/view/Brazil-3`

可以看出,这些URL只在URL路径的最后一部分有所区别,包括国家(或地区)名(作为页面别名)和ID。在URL中包含页面别名是非常普遍的做法,可以对搜索引擎优化起到帮助作用。一般情况下,Web服务器会忽略这个字符串,只使用ID来匹配数据库中的相关记录。下面我们将其移除,查看 `http://example.python-scraping.com/view/1`,测试示例网站中的链接是否仍然可用。测试结果如图1.1所示。

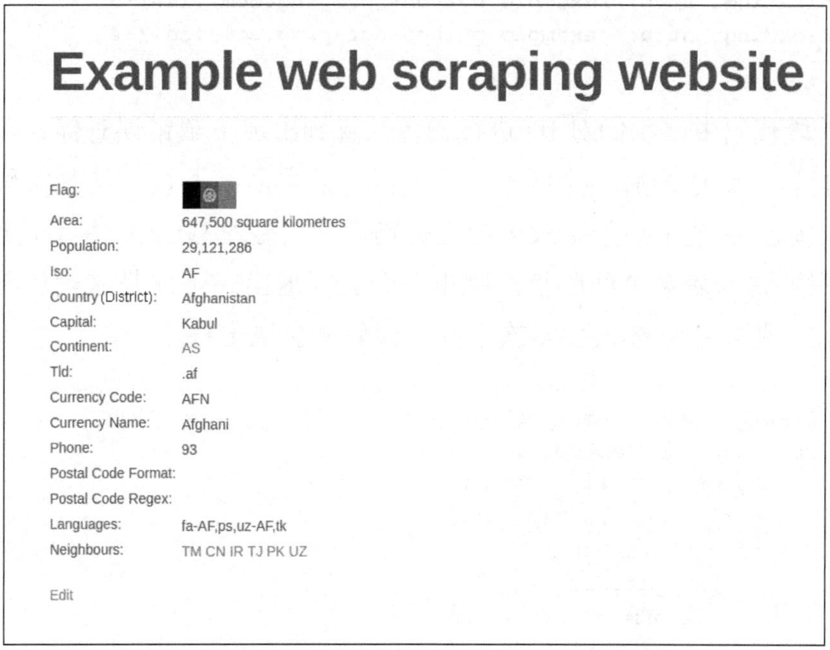

图1.1

从图 1.1 中可以看出，网页依然可以加载成功，也就是说该方法是有用的。现在，我们就可以忽略页面别名，只利用数据库 ID 来下载所有国家（或地区）的页面了。下面是使用了该技巧的代码片段。

```
import itertools

def crawl_site(url):
    for page in itertools.count(1):
        pg_url = '{}{}'.format(url, page)
        html = download(pg_url)
        if html is None:
            break
        # success - can scrape the result
```

现在，我们可以使用该函数传入基础 URL。

```
>>> crawl_site('http://example.python-scraping.com/view/-')
Downloading: http://example.python-scraping.com/view/-1
Downloading: http://example.python-scraping.com/view/-2
Downloading: http://example.python-scraping.com/view/-3
Downloading: http://example.python-scraping.com/view/-4
[...]
```

在这段代码中，我们对 ID 进行遍历，直到出现下载错误时停止，我们假设此时抓取已到达最后一个国家（或地区）的页面。不过，这种实现方式存在一个缺陷，那就是某些记录可能已被删除，数据库 ID 之间并不是连续的。此时，只要访问到某个间隔点，爬虫就会立即退出。下面是这段代码的改进版本，在该版本中连续发生多次下载错误后才会退出程序。

```
def crawl_site(url, max_errors=5):
    for page in itertools.count(1):
        pg_url = '{}{}'.format(url, page)
        html = download(pg_url)
        if html is None:
            num_errors += 1
            if num_errors == max_errors:
                # max errors reached, exit loop
                break
```

```
else:
    num_errors = 0
    # success - can scrape the result
```

上面代码中实现的爬虫需要连续 5 次下载错误才会停止遍历,这样就很大程度上降低了遇到记录被删除或隐藏时过早停止遍历的风险。

在爬取网站时,遍历 ID 是一个很便捷的方法,但是和网站地图爬虫一样,这种方法也无法保证始终可用。比如,一些网站会检查页面别名是否在 URL 中,如果不是,则会返回 `404 Not Found` 错误。而另一些网站则会使用非连续大数作为 ID,或是不使用数值作为 ID,此时遍历就难以发挥其作用了。例如,Amazon 使用 ISBN 作为可用图书的 ID,这种编码包含至少 10 位数字。使用 ID 对 ISBN 进行遍历需要测试数十亿次可能的组合,因此这种方法肯定不是抓取该站内容最高效的方法。

正如你一直关注的那样,你可能已经注意到一些 `TOO MANY REQUESTS` 下载错误信息。现在无须担心它,我们将会在 1.5.5 节的"高级功能"部分中介绍更多处理该类型错误的方法。

1.5.5 链接爬虫

到目前为止,我们已经利用示例网站的结构特点实现了两个简单爬虫,用于下载所有已发布的国家(或地区)页面。只要这两种技术可用,就应当使用它们进行爬取,因为这两种方法将需要下载的网页数量降至最低。不过,对于另一些网站,我们需要让爬虫表现得更像普通用户,跟踪链接,访问感兴趣的内容。

通过跟踪每个链接的方式,我们可以很容易地下载整个网站的页面。但是,这种方法可能会下载很多并不需要的网页。例如,我们想要从一个在线论坛中抓取用户账号详情页,那么此时我们只需要下载账号页,而不需要下载讨论贴的页面。本章使用的链接爬虫将使用正则表达式来确定应当下载哪些页面。下面是这段代码的初始版本。

```python
import re

def link_crawler(start_url, link_regex):
    """ Crawl from the given start URL following links matched by
    link_regex
    """
    crawl_queue = [start_url]
    while crawl_queue:
        url = crawl_queue.pop()
        html = download(url)
        if html is not None:
            continue
        # filter for links matching our regular expression
        for link in get_links(html):
            if re.match(link_regex, link):
                crawl_queue.append(link)

def get_links(html):
    """ Return a list of links from html
    """
    # a regular expression to extract all links from the webpage
    webpage_regex = re.compile("""<a[^>]+href=["'](.*?)["']""", re.IGNORECASE)
    # list of all links from the webpage
    return webpage_regex.findall(html)
```

要运行这段代码，只需要调用 `link_crawler` 函数，并传入两个参数：要爬取的网站 URL 以及用于匹配你想跟踪的链接的正则表达式。对于示例网站来说，我们想要爬取的是国家（或地区）列表索引页和国家（或地区）页面。

我们查看站点可以得知索引页链接遵循如下格式：

- `http://example.python-scraping.com/index/1`
- `http://example.python-scraping.com/index/2`

国家（或地区）页遵循如下格式：

- `http://example.python-scraping.com/view/Afghanistan-1`
- `http://example.python-scraping.com/view/Aland-Islands-2`

因此，我们可以用/(index|view)/这个简单的正则表达式来匹配这两类网页。当爬虫使用这些输入参数运行时会发生什么呢？你会得到如下所示的下载错误。

```
>>> link_crawler('http://example.python-scraping.com', '/(index|view)/')
Downloading: http://example.python-scraping.com
Downloading: /index/1
Traceback (most recent call last):
    ...
ValueError: unknown url type: /index/1
```

正则表达式是从字符串中抽取信息的非常好的工具，因此我推荐每名程序员都应当"学会如何阅读和编写一些正则表达式"。即便如此，它们往往会非常脆弱，容易失效。我们将在本书后续部分介绍更先进的抽取链接和识别页面的方式。

可以看出，问题出在下载/index/1 时，该链接只有网页的路径部分，而没有协议和服务器部分，也就是说这是一个**相对链接**。由于浏览器知道你正在浏览哪个网页，并且能够采取必要的步骤处理这些链接，因此在浏览器浏览时，相对链接是能够正常工作的。但是，urllib 并没有上下文。为了让 urllib 能够定位网页，我们需要将链接转换为**绝对链接**的形式，以便包含定位网页的所有细节。如你所愿，Python 的 urllib 中有一个模块可以用来实现该功能，该模块名为 parse。下面是 link_crawler 的改进版本，使用了 urljoin 方法来创建绝对路径。

```
from urllib.parse import urljoin

def link_crawler(start_url, link_regex):
    """ Crawl from the given start URL following links matched by
link_regex
    """
    crawl_queue = [start_url]
    while crawl_queue:
        url = crawl_queue.pop()
        html = download(url)
```

```
        if not html:
            continue
        for link in get_links(html):
            if re.match(link_regex, link):
                abs_link = urljoin(start_url, link)
                crawl_queue.append(abs_link)
```

当你运行这段代码时，会看到虽然下载了匹配的网页，但是同样的地点总是会被不断下载到。产生该行为的原因是这些地点相互之间存在链接。比如，澳大利亚链接到了南极洲，而南极洲又链接回了澳大利亚，此时爬虫就会继续将这些 URL 放入队列，永远不会到达队列尾部。要想避免重复爬取相同的链接，我们需要记录哪些链接已经被爬取过。下面是修改后的 `link_crawler` 函数，具备了存储已发现 URL 的功能，可以避免重复下载。

```
def link_crawler(start_url, link_regex):
    crawl_queue = [start_url]
    # keep track which URL's have seen before
    seen = set(crawl_queue)
    while crawl_queue:
        url = crawl_queue.pop()
        html = download(url)
        if not html:
            continue
        for link in get_links(html):
            # check if link matches expected regex
            if re.match(link_regex, link):
                abs_link = urljoin(start_url, link)
                # check if have already seen this link
                if abs_link not in seen:
                    seen.add(abs_link)
                    crawl_queue.append(abs_link)
```

当运行该脚本时，它会爬取所有地点，并且能够如期停止。最终，我们得到了一个可用的链接爬虫！

高级功能

现在，让我们为链接爬虫添加一些功能，使其在爬取其他网站时更加有用。

1. 解析 robots.txt

首先，我们需要解析 robots.txt 文件，以避免下载禁止爬取的 URL。使用 Python 的 urllib 库中的 robotparser 模块，就可以轻松完成这项工作，如下面的代码所示。

```
>>> from urllib import robotparser
>>> rp = robotparser.RobotFileParser()
>>> rp.set_url('http://example.python-scraping.com/robots.txt')
>>> rp.read()
>>> url = 'http://example.python-scraping.com'
>>> user_agent = 'BadCrawler'
>>> rp.can_fetch(user_agent, url)
False
>>> user_agent = 'GoodCrawler'
>>> rp.can_fetch(user_agent, url)
True
```

robotparser 模块首先加载 robots.txt 文件，然后通过 can_fetch() 函数确定指定的用户代理是否允许访问网页。在本例中，当用户代理设置为'BadCrawler'时，robotparser 模块的返回结果表明无法获取网页，正如我们在示例网站的 robots.txt 文件中看到的定义一样。

为了将 robotparser 集成到链接爬虫中，我们首先需要创建一个新函数用于返回 robotparser 对象。

```
def get_robots_parser(robots_url):
    " Return the robots parser object using the robots_url "
    rp = robotparser.RobotFileParser()
    rp.set_url(robots_url)
    rp.read()
    return rp
```

我们需要可靠地设置 robots_url，此时我们可以通过向函数传递额外的关键词参数的方法实现这一目标。我们还可以设置一个默认值，防止用户没有传递该变量。假设从网站根目录开始爬取，那么我们可以简单地将 robots.txt 添加到 URL 的结尾处。此外，我们还需要定义 user_agent。

```
def link_crawler(start_url, link_regex, robots_url=None,
user_agent='wswp'):
    ...
    if not robots_url:
        robots_url = '{}/robots.txt'.format(start_url)
    rp = get_robots_parser(robots_url)
```

最后,我们在 `crawl` 循环中添加解析器检查。

```
...
while crawl_queue:
    url = crawl_queue.pop()
    # check url passes robots.txt restrictions
    if rp.can_fetch(user_agent, url):
        html = download(url, user_agent=user_agent)
        ...
    else:
        print('Blocked by robots.txt:', url)
```

我们可以通过使用坏的用户代理字符串来测试我们这个高级链接爬虫以及 `robotparser` 的使用。

```
>>> link_crawler('http://example.python-scraping.com', '/(index|view)/',
user_agent='BadCrawler')
Blocked by robots.txt: http://example.python-scraping.com
```

2. 支持代理

有时我们需要使用代理访问某个网站。比如,Hulu 在美国以外的很多国家被屏蔽,YouTube 上的一些视频也是。使用 `urllib` 支持代理并没有想象中那么容易。我们将在后面的小节介绍一个对用户更友好的 Python HTTP 模块——requests,该模块同样也能够处理代理。下面是使用 `urllib` 支持代理的代码。

```
proxy = 'http://myproxy.net:1234' # example string
proxy_support = urllib.request.ProxyHandler({'http': proxy})
opener = urllib.request.build_opener(proxy_support)
urllib.request.install_opener(opener)
```

```
# now requests via urllib.request will be handled via proxy
```

下面是集成了该功能的新版本 download 函数。

```
def download(url, user_agent='wswp', num_retries=2, charset='utf-8',
proxy=None):
    print('Downloading:', url)
    request = urllib.request.Request(url)
    request.add_header('User-agent', user_agent)
    try:
        if proxy:
            proxy_support = urllib.request.ProxyHandler({'http': proxy})
            opener = urllib.request.build_opener(proxy_support)
            urllib.request.install_opener(opener)
        resp = urllib.request.urlopen(request)
        cs = resp.headers.get_content_charset()
        if not cs:
            cs = charset
        html = resp.read().decode(cs)
    except (URLError, HTTPError, ContentTooShortError) as e:
        print('Download error:', e.reason)
        html = None
        if num_retries > 0:
            if hasattr(e, 'code') and 500 <= e.code < 600:
            # recursively retry 5xx HTTP errors
                return download(url, num_retries - 1)
    return html
```

目前在默认情况下（Python 3.5），urllib 模块不支持 https 代理。该问题可能会在 Python 未来的版本中发现变化，因此请查阅最新的文档。此外，你还可以使用文档推荐的诀窍（https://code.activestate.com/recipes/456195），或继续阅读来学习如何使用 requests 库。

3. 下载限速

如果我们爬取网站的速度过快，就会面临被封禁或是造成服务器过载的风险。为了降低这些风险，我们可以在两次下载之间添加一组延时，从而对爬虫限速。下面是实现了该功能的类的代码。

```python
from urllib.parse import urlparse
import time

class Throttle:
    """Add a delay between downloads to the same domain
    """
    def __init__(self, delay):
    # amount of delay between downloads for each domain
    self.delay = delay
    # timestamp of when a domain was last accessed
    self.domains = {}

def wait(self, url):
    domain = urlparse(url).netloc
    last_accessed = self.domains.get(domain)

    if self.delay > 0 and last_accessed is not None:
        sleep_secs = self.delay - (time.time() - last_accessed)
        if sleep_secs > 0:
            # domain has been accessed recently
            # so need to sleep
            time.sleep(sleep_secs)
    # update the last accessed time
    self.domains[domain] = time.time()
```

`Throttle` 类记录了每个域名上次访问的时间，如果当前时间距离上次访问时间小于指定延时，则执行睡眠操作。我们可以在每次下载之前调用 `throttle` 对爬虫进行限速。

```
throttle = Throttle(delay)
...
throttle.wait(url)
html = download(url, user_agent=user_agent, num_retries=num_retries,
                proxy=proxy, charset=charset)
```

4．避免爬虫陷阱

目前，我们的爬虫会跟踪所有之前没有访问过的链接。但是，一些网站会动态生成页面内容，这样就会出现无限多的网页。比如，网站有一个在线日历功能，提供了可以访问下个月和下一年的链接，那么下个月的页面中同样会包含访问再下个月的链接，这样就会一直持续请求到部件设定的最大时间（可能会是很久之后的时间）。该站点可能还会在简单的分页导航中提供相同的功能，本质上是分页请求不断访问空的搜索结果页，直至达到最大页数。这种情况被称为**爬虫陷阱**。

想要避免陷入爬虫陷阱，一个简单的方法是记录到达当前网页经过了多少个链接，也就是深度。当到达最大深度时，爬虫就不再向队列中添加该网页中的链接了。要实现最大深度的功能，我们需要修改 seen 变量。该变量原先只记录访问过的网页链接，现在修改为一个字典，增加了已发现链接的深度记录。

```
def link_crawler(..., max_depth=4):
    seen = {}
    ...
    if rp.can_fetch(user_agent, url):
        depth = seen.get(url, 0)
        if depth == max_depth:
            print('Skipping %s due to depth' % url)
            continue
        ...
        for link in get_links(html):
            if re.match(link_regex, link):
                abs_link = urljoin(start_url, link)
                if abs_link not in seen:
                    seen[abs_link] = depth + 1
                    crawl_queue.append(abs_link)
```

有了该功能之后，我们就有信心爬虫最终一定能够完成了。如果想要禁用该功能，只需将 `max_depth` 设为一个负数即可，此时当前深度永远不会与之相等。

5．最终版本

这个高级链接爬虫的完整源代码可以在异步社区中下载得到，其文件名为 `advanced_link_crawler.py`。为了方便按照本书操作，可以派生该代码库,并使用它对比及测试你自己的代码。

要测试该链接爬虫,我们可以将用户代理设置为 BadCrawler,也就是本章前文所述的被 robots.txt 屏蔽了的那个用户代理。从下面的运行结果中可以看出,爬虫确实被屏蔽了,代码启动后马上就会结束。

```
>>> start_url = 'http://example.python-scraping.com/index'
>>> link_regex = '/(index|view)'
>>> link_crawler(start_url, link_regex, user_agent='BadCrawler')
Blocked by robots.txt: http://example.python-scraping.com/
```

现在,让我们使用默认的用户代理,并将最大深度设置为 1,这样只有主页上的链接才会被下载。

```
>>> link_crawler(start_url, link_regex, max_depth=1)
Downloading: http://example.python-scraping.com//index
Downloading: http://example.python-scraping.com/index/1
Downloading: http://example.python-scraping.com/view/Antigua-and-Barbuda-10
Downloading: http://example.python-scraping.com/view/Antarctica-9
Downloading: http://example.python-scraping.com/view/Anguilla-8
Downloading: http://example.python-scraping.com/view/Angola-7
Downloading: http://example.python-scraping.com/view/Andorra-6
Downloading: http://example.python-scraping.com/view/American-Samoa-5
Downloading: http://example.python-scraping.com/view/Algeria-4
Downloading: http://example.python-scraping.com/view/Albania-3
Downloading: http://example.python-scraping.com/view/Aland-Islands-2
Downloading: http://example.python-scraping.com/view/Afghanistan-1
```

和预期一样,爬虫在下载完国家(或地区)列表的第一页之后就停止了。

1.5.6　使用 requests 库

尽管我们只使用 urllib 就已经实现了一个相对高级的解析器,不过目前 Python 编写的主流爬虫一般都会使用 requests 库来管理复杂的 HTTP 请求。该项目起初只是以"人类可读"的方式协助封装 urllib 功能的小库,不过现如今已经发展成为拥有数百名贡献者的庞大项目。可用的一些功能包括内置的编码处理、对 SSL 和安全的重要更新以及对 POST 请求、JSON、cookie

1.5 编写第一个网络爬虫

和代理的简单处理。

 本书在大部分情况下,都将使用requests库,因为它足够简单并且易于使用,而且它事实上也是大多数网络爬虫项目的标准。

想要安装requests,只需使用pip即可。

pip install requests

如果你想了解其所有功能的进一步介绍,可以阅读它的文档,地址为http://python-requests.org,此外也可以浏览其源代码,地址为https://github.com/kennethreitz/requests。

为了对比使用这两种库的区别,我还创建了一个使用requests的高级链接爬虫。你可以在从异步社区中下载的源码文件中找到并查看该代码,其文件名为advanced_link_crawler_using_requests.py。在主要的download函数中,展示了其关键区别。requests版本如下所示。

```python
def download(url, user_agent='wswp', num_retries=2, proxies=None):
    print('Downloading:', url)
    headers = {'User-Agent': user_agent}
    try:
        resp = requests.get(url, headers=headers, proxies=proxies)
        html = resp.text
        if resp.status_code >= 400:
            print('Download error:', resp.text)
            html = None
            if num_retries and 500 <= resp.status_code < 600:
                # recursively retry 5xx HTTP errors
                return download(url, num_retries - 1)
    except requests.exceptions.RequestException as e:
        print('Download error:', e.reason)
        html = None
```

一个值得注意的区别是,status_code的使用更加方便,因为每个请求中都包含该属性。另外,我们不再需要测试字符编码了,因为Response对象的 text 属性已经为我们自动化实现了该功能。对于无法处理的 URL 或超时等罕见情况，都可以使用 RequestException 进行处理，只需一句简单的捕获异常的语句即可。代理处理也已经被考虑进来了，我们只需传递代理的字典即可（即{'http': 'http://myproxy.net:1234', 'https': 'https://myproxy.net:1234'}）。

我们将继续对比和使用这两个库，以便根据你的需求和用例来熟悉它们。无论你是在处理更复杂的网站，还是需要处理重要的人类化方法（如 cookie 或 session）时，我都强烈推荐使用 requests。我们将会在第 6 章中讨论更多有关这些方法的话题。

1.6 本章小结

本章介绍了网络爬虫，然后给出了一个能够在后续章节中复用的成熟爬虫。此外，我们还介绍了一些外部工具和模块的使用方法，用于了解网站、用户代理、网站地图、爬取延时以及各种高级爬取技术。

下一章中，我们将讨论如何从已爬取到的网页中获取数据。

第 2 章
数据抓取

在上一章中,我们构建了一个爬虫,可以通过跟踪链接的方式下载所需的网页。虽然这个例子很有意思,却不够实用,因为爬虫在下载网页之后又将结果丢弃掉了。现在,我们需要让这个爬虫从每个网页中抽取一些数据,然后实现某些事情,这种做法也称为**抓取**(scraping)。

首先,我们会介绍一些浏览器工具,用于查看网页内容,如果你有一些 Web 开发背景的话,可能已经对这些工具十分熟悉了。然后,我们会介绍 3 种抽取网页数据的方法,分别是正则表达式、Beautiful Soup 和 lxml。最后,我们将对比这 3 种数据抓取方法。

在本章中,我们将介绍如下主题:

- 分析网页;
- 抓取网页的方法;
- 使用控制台;
- xpath 选择器;
- 抓取结果。

2.1 分析网页

想要理解一个网页的结构如何,可以使用查看源代码的方法。在大多数浏览器中,都可以在页面上右键单击选择 **View page source** 选项,获取网页的源代码,如图 2.1 所示。

图 2.1

对于我们的示例网站来说,我们感兴趣的数据是在国家(或地区)页面中。让我们来查看一下页面源代码(通过浏览器菜单或右键单击浏览器菜单)。在英国的示例页面(http://example.python-scraping.com/view/United-Kingdom-239)的源代码中,你可以找到一个包含国家(或地区)数据的表格(可以在页面源代码中通过搜索来找到它)。

```
<table>
<tr id="places_flag__row"><td class="w2p_fl"><label
for="places_flag"     id="places_flag__label">
Flag:</label></td>
<td class="w2p_fw"><img src="/places/static/images/flags/gb.png" /></td><td
class="w2p_fc"></td></tr>
...
<tr id="places_neighbours__row"><td class="w2p_fl"><label
for="places_neighbours"    id="places_neighbours__label">Neighbours:
</label></td><td class="w2p_fw"><div><a href="/iso/IE">IE
</a></div></td><td class="w2p_fc"></td></tr></table>
```

对于浏览器解析而言，缺失空白符和格式并无大碍，但在我们阅读时却会造成一定困难。想要更好地理解该表格，我们可以使用浏览器工具。要想找到你正在使用的浏览器中的开发者工具，通常情况下只需右键单击并选择类似 **Developer Tools** 的选项。根据你所使用的浏览器不同，可能会有不同的开发者工具选项，不过几乎每个浏览器都有一个名为 **Elements** 或 **HTML** 的选项卡。在 Chrome 和 Firefox 中，只需右键单击页面上的某个元素（你在抓取时感兴趣的元素），然后选择 **Inspect Element**。而在 IE 中，则需要通过按下 F12 键打开 **Developer** 工具栏，然后通过按下 *Ctrl + B* 选择项目。如果你使用的是没有内置开发者工具的其他浏览器，可能需要尝试安装 Firebug Lite 扩展，该扩展对于大多数浏览器均可以使用，读者可自行搜索并下载安装该扩展。

当我在 Chrome 中右键单击页面中的表格，并点击 **Inspect Elements** 时，可以看到下面打开了一个面板，其中包含了选定元素的 HTML 层次结构，如图 2.2 所示。

在图 2.2 中，我们可以看到 `table` 元素位于一个 `form` 元素中。我们还可以看到国家（或地区）属性包含在带有不同 CSS ID 的 `tr`（即表格的行）元素中（显示为 `id="places_flag__row"`）。由于浏览器的不同，颜色或样式可能会有所区别，不过你应该都可以点击元素，通过层次结构定位到页面中看到数据。

当我通过点击 `tr` 元素旁边的箭头，进一步展开时，可以注意到每一行都包含一个类名为 w2p_fw 的<td>元素，这些元素都是<tr>元素的子元素，如图 2.3 所示。

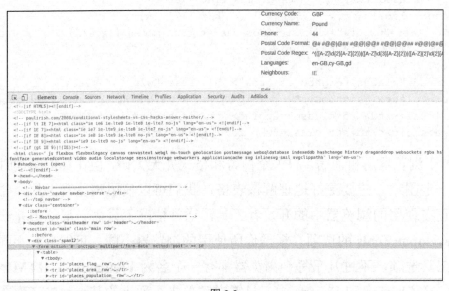

图 2.2

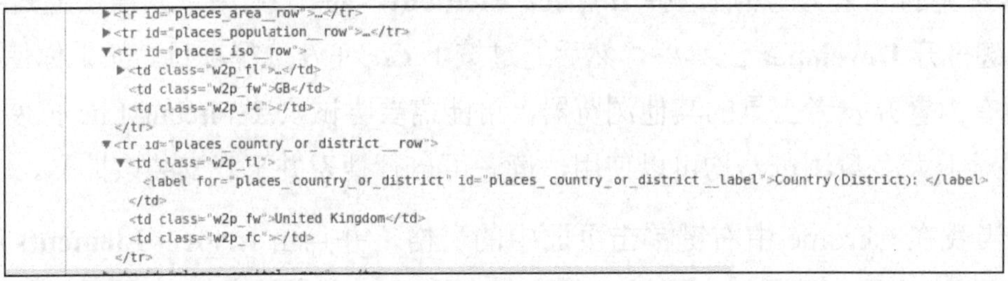

图 2.3

现在我们已经通过浏览器工具研究了页面，知道国家（或地区）数据表格的 HTML 层次结构，并且已经获得了从页面中抓取这些数据的必要信息。

2.2　3 种网页抓取方法

现在我们已经了解了该网页的结构，下面将会介绍 3 种抓取其中数据的方法。首先是正则表达式，然后是流行的 BeautifulSoup 模块，最后是强大的lxml模块。

2.2.1 正则表达式

如果你对正则表达式还不熟悉，或是需要一些提示，那么你可以查阅https://docs.python.org/2/howto/regex.html获得完整介绍。即使你使用过其他编程语言的正则表达式，我依然推荐你一步一步温习一下Python中正则表达式的写法。

> 由于每章中都可能构建或使用前面章节的内容，因此我建议你按照类似本书代码库的文件结构进行配置。所有代码都可以从代码库的code目录中运行，以便导入工作正常。如果你希望创建一个不同的结构，请注意需要变更所有来自其他章的导入操作(比如下述代码中的from chp1.advanced_link_crawler)。

当我们使用正则表达式抓取国家（或地区）面积数据时，首先需要尝试匹配<td>元素中的内容，如下所示。

```
>>> import re
>>> from chp1.advanced_link_crawler import download
>>> url = 'http://example.python-scraping.com/view/UnitedKingdom-239'
>>> html = download(url)
>>> re.findall(r'<td class="w2p_fw">(.*?)</td>', html)
['<img src="/places/static/images/flags/gb.png" />',
 '244,820 square kilometres',
 '62,348,447',
 'GB',
 'United Kingdom',
 'London',
 '<a href="/continent/EU">EU</a>',
 '.uk',
 'GBP',
 'Pound',
 '44',
 '@# #@@|@## #@@|@@# #@@|@@## #@@|@#@ #@@|@@#@ #@@|GIROAA',
 '^(([A-Z]d{2}[A-Z]{2})|([A-Z]d{3}[A-Z]{2})|([A-Z]{2}d{2}    [A-Z]{
```

```
2})|([A-Z]{2}d{3}[A-Z]{2})|([A-Z]d[A-Z]d[A-Z]{2})           |([A-Z]{2}d[A-Z]
d[A-Z]{2})|(GIR0AA))$',
 'en-GB,cy-GB,gd',
 '<div><a href="/iso/IE">IE </a></div>']
```

从上述结果中可以看出，多个国家（或地区）属性都使用了`<td class="w2p_fw">`标签。如果我们只想抓取国家（或地区）面积，可以只选择第二个匹配的元素，如下所示。

```
>>> re.findall('<td class="w2p_fw">(.*?)</td>', html)[1]
'244,820 square kilometres'
```

虽然现在可以使用这个方案，但是如果网页发生变化，该方案很可能就会失效。比如表格发生了变化，去除了第二个匹配元素中的面积数据。如果我们只在当下抓取数据，就可以忽略这种未来可能发生的变化。但是，如果我们希望在未来某一时刻能够再次抓取该数据，就需要给出更加健壮的解决方案，从而尽可能避免这种布局变化所带来的影响。想要该正则表达式更加明确，我们可以将其父元素`<tr>`也加入进来，由于该元素具有 ID 属性，所以应该是唯一的。

```
>>> re.findall('<tr id="places_area__row"><td class="w2p_fl"><label
for="places_area" id="places_area__label">Area: </label></td><td
class="w2p_fw">(.*?)</td>', html)
['244,820 square kilometres']
```

这个迭代版本看起来更好一些，但是网页更新还有很多其他方式，同样可以让该正则表达式无法满足。比如，将双引号变为单引号，`<td>`标签之间添加多余的空格，或是变更 `area_label` 等。下面是尝试支持这些可能性的改进版本。

```
>>> re.findall('''<tr
id="places_area__row">.*?<tds*class=["']w2p_fw["']>(.*?)</td>''', html)
['244,820 square kilometres']
```

虽然该正则表达式更容易适应未来变化，但又存在难以构造、可读性差的问题。此外，还有很多其他微小的布局变化也会使该正则表达式无法满足，比如在`<td>`标签里添加`title`属性,或者`tr`、`td`元素修改了它们的 CSS 类或 ID。

从本例中可以看出,正则表达式为我们提供了抓取数据的快捷方式,但是该方法过于脆弱,容易在网页更新后出现问题。幸好,还有更好的数据抽取解决方案,比如我们将在本章介绍的其他抓取库。

2.2.2 Beautiful Soup

Beautiful Soup 是一个非常流行的 Python 库,它可以解析网页,并提供了定位内容的便捷接口。如果你还没有安装该模块,可以使用下面的命令安装其最新版本。

```
pip install beautifulsoup4
```

使用 Beautiful Soup 的第一步是将已下载的 HTML 内容解析为 soup 文档。由于许多网页都不具备良好的 HTML 格式,因此 Beautiful Soup 需要对其标签开合状态进行修正。例如,在下面这个简单网页的列表中,存在属性值两侧引号缺失和标签未闭合的问题。

```
<ul class=country_or_district>
    <li>Area
    <li>Population
</ul>
```

如果`Population`列表项被解析为`Area`列表项的子元素,而不是并列的两个列表项的话,我们在抓取时就会得到错误的结果。下面让我们看一下 Beautiful Soup 是如何处理的。

```
>>> from bs4 import BeautifulSoup
>>> from pprint import pprint
>>> broken_html = '<ul class=country_or_district><li>Area<li>Population</ul>'
>>> # parse the HTML
>>> soup = BeautifulSoup(broken_html, 'html.parser')
>>> fixed_html = soup.prettify()
>>> pprint(fixed_html)
```

```
<ul class="country_or_district">
 <li>
   Area
  <li>
    Population
   </li>
  </li>
</ul>
```

我们可以看到，使用默认的 `html.parser` 并没有得到正确解析的 HTML。从前面的代码片段可以看出，由于它使用了嵌套的 `li` 元素，因此可能会导致定位困难。幸运的是，我们还有其他解析器可以选择。我们可以安装 LXML（2.2.3 节中将会详细介绍），或使用 `html5lib`。要想安装 `html5lib`，只需使用 `pip`。

pip install html5lib

现在，我们可以重复这段代码，只对解析器做如下变更。

```
>>> soup = BeautifulSoup(broken_html, 'html5lib')
>>> fixed_html = soup.prettify()
>>> pprint(fixed_html)
<html>
  <head>
  </head>
  <body>
    <ul class="country_or_district">
      <li>
        Area
      </li>
      <li>
        Population
      </li>
    </ul>
  </body>
</html>
```

此时，使用了 `html5lib` 的 `BeautifulSoup` 已经能够正确解析缺失的属性引号以及闭合标签，并且还添加了 `<html>` 和 `<body>` 标签，使其成为完整的 HTML 文档。当你使用 `lxml` 时，也可以看到类似的结果。

现在，我们可以使用 `find()` 和 `find_all()` 方法来定位我们需要的元素了。

```
>>> ul = soup.find('ul', attrs={'class':'country_or_district'})
>>> ul.find('li')  # returns just the first match
<li>Area</li>
>>> ul.find_all('li')  # returns all matches
[<li>Area</li>, <li>Population</li>]
```

 想要了解可用方法和参数的完整列表，请访问 Beautiful Soup 的官方文档。

下面是使用该方法抽取示例网站中国家（或地区）面积数据的完整代码。

```
>>> from bs4 import BeautifulSoup
>>> url = 'http://example.python-scraping.com/places/view/United-Kingdom-239'
>>> html = download(url)
>>> soup = BeautifulSoup(html)
>>> # locate the area row
>>> tr = soup.find(attrs={'id':'places_area__row'})
>>> td = tr.find(attrs={'class':'w2p_fw'}) # locate the data element
>>> area = td.text # extract the text from the data element
>>> print(area)
244,820 square kilometres
```

这段代码虽然比正则表达式的代码更加复杂，但又更容易构造和理解。而且，像多余的空格和标签属性这种布局上的小变化，我们也无须再担心了。我们还知道即使页面中包含了不完整的 HTML，Beautiful Soup 也能帮助我们整理该页面，从而让我们可以从非常不完整的网站代码中抽取数据。

2.2.3 Lxml

Lxml 是基于 `libxml2` 这一 XML 解析库构建的 Python 库，它使用 C 语言编写，解析速度比 Beautiful Soup 更快，不过安装过程也更为复杂，尤其是在 Windows 中。最新的安装说明可以参考 `http://lxml.de/installation.html`。如果你在自行安装该库时遇到困难，也可以使用 Anaconda 来实现。

你可能对 Anaconda 不太熟悉，它是由 Continuum Analytics 公司员工创建的主要专注于开源数据科学包的包和环境管理器。你可以按照其安装说明下载及安装 Anaconda。需要注意的是，使用 Anaconda 的快速安装会将你的 PYTHON_PATH 设置为 Conda 的 Python 安装位置。

和 Beautiful Soup 一样，使用 lxml 模块的第一步也是将有可能不合法的 HTML 解析为统一格式。下面是使用该模块解析同一个不完整 HTML 的例子。

```
>>> from lxml.html import fromstring, tostring
>>> broken_html = '<ul class=country_or_district><li>Area<li>Population</ul>'
>>> tree = fromstring(broken_html) # parse the HTML
>>> fixed_html = tostring(tree, pretty_print=True)
>>> print(fixed_html)
<ul class="country_or_district">
    <li>Area</li>
    <li>Population</li>
</ul>
```

同样地，lxml 也可以正确解析属性两侧缺失的引号，并闭合标签，不过该模块没有额外添加<html>和<body>标签。这些都不是标准 XML 的要求，因此对于 lxml 来说，插入它们并不是必要的。

解析完输入内容之后，进入选择元素的步骤，此时 lxml 有几种不同的方法，比如 XPath 选择器和类似 Beautiful Soup 的 find() 方法。不过，在本例中，我们将会使用 CSS 选择器，因为它更加简洁，并且能够在第 5 章解析动态内容时得以复用。一些读者可能由于他们在 jQuery 选择器方面的经验或是前端 Web 应用开发中的使用对它们已经有所熟悉。在本章的后续部分，我们将对比这些选择器与 XPath 的性能。要想使用 CSS 选择器，你可能需要先安装 cssselect 库，如下所示。

```
pip install cssselect
```

现在，我们可以使用 lxml 的 CSS 选择器，抽取示例页面中的面积数据了。

```
>>> tree = fromstring(html)
>>> td = tree.cssselect('tr#places_area__row > td.w2p_fw')[0]
>>> area = td.text_content()
```

```
>>> print(area)
244,820 square kilometres
```

通过对代码树使用 `csselect` 方法，我们可以利用 CSS 语法来选择表格中 ID 为 `places_area__row` 的行元素，然后是类为 `w2p_fw` 的子表格数据标签。由于 `csselect` 返回的是一个列表，我们需要获取其中的第一个结果，并调用 `text_content` 方法，以迭代所有子元素并返回每个元素的相关文本。在本例中，尽管我们只有一个元素，但是该功能对于更加复杂的抽取示例来说非常有用。

2.3 CSS 选择器和浏览器控制台

类似我们在使用 `csselect` 时使用的标记，CSS 选择器可以表示选择元素时所使用的模式。下面是一些你需要知道的常用选择器示例。

```
Select any tag: *
Select by tag <a>: a
Select by class of "link": .link
Select by tag <a> with class "link": a.link
Select by tag <a> with ID "home": a#home
Select by child <span> of tag <a>: a > span
Select by descendant <span> of tag <a>: a span
Select by tag <a> with attribute title of "Home": a[title=Home]
```

`csselect` 库实现了大部分 CSS3 选择器的功能，其不支持的功能（主要是浏览器交互）可以查看 `https://cssselect.readthedocs.io/en/latest/#supported-selectors`。

> W3C 已提出 CSS3 规范。在 Mozilla 针对 CSS 的开发者指南中，也有一个有用且更加易读的文档。

由于我们在第一次编写时可能不会十分完美，因此有时测试 CSS 选择器十分有用。在编写大量无法确定能够工作的 Python 代码之前，在某个地方调试任何与选择器相关的问题进行测试是一个不错的主意。

当一个网站使用 jQuery 时，可以非常容易地在浏览器控制台中测试 CSS 选择器。控制台是你使用的浏览器中开发者工具的一部分，可以让你在当前页面中执行 JavaScript 代码（如果支持的话，还可以执行 jQuery）。

 如果想要更多地了解 jQuery，可以学习一些免费的在线课程。

使用包含 jQuery 的 CSS 选择器时，你唯一需要知道的语法就是对象选择（如`$('div.class_name');`）。jQuery 使用$和圆括号来选择对象。在括号中，你可以编写任何 CSS 选择器。对于支持 jQuery 的站点，在你浏览器的控制台中执行它，可以看到你所选择的对象。由于我们已经知道示例网站中使用了 jQuery（无论是通过查看源代码，还是通过网络选项卡观察到的 jQuery 加载，或者是使用 `detectem` 模块），我们可以尝试使用 CSS 选择器选择所有的 `tr` 元素，如图 2.4 所示。

图 2.4

仅仅通过使用标签名，我们就可以看到国家（或地区）数据中的每一行。我还可以使用更长的 CSS 选择器来选择元素。下面让我们尝试选择所有带有 `w2p_fw` 类的 `td` 元素，因为我知道这里包含了页面中展示的最主要的数据，如图 2.5 所示。

图 2.5

你可能还会注意到,当你使用鼠标点击返回的元素时,可以展开它们,并且能够在上面的窗口中高亮显示(依赖于你所使用的浏览器)。这是一个非常有用的测试数据的方法。如果你所抓取的网站在浏览器中不支持加载 jQuery 或者任何其他对选择器友好的库,那么你可以仅仅使用 JavaScript 通过 `document` 对象实现相同的查询。`querySelector` 方法的文档可以在 Mozilla 开发者网络中获取到。

即使你已经学会了在控制台中使用 `lxml` 的 CSS 选择器,学习 XPath 依然是非常有用的,因为 `lxml` 在求值之前会将所有的 CSS 选择器转换为 XPath。让我们继续学习如何使用 XPath,来吧!

2.4 XPath 选择器

有时候使用 CSS 选择器无法正常工作,尤其是在 HTML 非常不完整或存在格式不当的元素时。尽管像 `BeautifulSoup` 和 `lxml` 这样的库已经尽了最大努力来纠正解析并清理代码，然而它可能还是无法工作，在这些情况下，XPath 可以帮助你基于页面中的层次结构关系构建非常明确的选择器。

XPath 是一种将 XML 文档的层次结构描述为关系的方式。因为 HTML 是由 XML 元素组成的，因此我们也可以使用 XPath 从 HTML 文档中定位和选择元素。

 如果你想了解更多 XPath 相关的知识，可以查阅 Mozilla 的开发者文档。

XPath 遵循一些基本的语法规则，并且和 CSS 选择器有些许相似。表 2.1 所示为这两种方法的一些快速参考。

表 2.1

选择器描述	XPath 选择器	CSS 选择器
选择所有链接	'//a'	'a'
选择类名为"main"的 div 元素	'//div[@class="main"]'	'div.main'
选择 ID 为"list"的 ul 元素	'//ul[@id="list"]'	'ul#list'
从所有段落中选择文本	'//p/text()'	'p'*
选择所有类名中包含'test'的 div 元素	'//div[contains(@class, 'test')]'	'div[class*="test"]'
选择所有包含链接或列表的 div 元素	'//div[a|ul] '	'div a, div ul'
选择 href 属性中包含 google.com 的链接	'//a[contains(@href, "google.com")]'	'a'*

从表 2.1 中可以看到，两种方式的语法有许多相似之处。不过，在表 2.1 中，有一些 CSS 选择器使用*表示，代表使用 CSS 选择这些元素是不可能的，我们已经提供了最佳的替代方案。在这些例子中，如果你使用的是 cssselect，那么还需要在 Python 和/或 lxml 中做进一步的处理或迭代。希望这个对比已经给出了 XPath 的介绍，并且能够让你相信它比使用 CSS 更加严格、具体。

在我们学习了 XPath 语法的基本介绍之后，再来看下如何在我们的示例网站中使用它。

2.4 XPath 选择器

```
>>> tree = fromstring(html)
>>> area =
tree.xpath('//tr[@id="places_area__row"]/td[@class="w2p_fw"]/text()')[0]
>>> print(area)
244,820 square kilometres
```

和 CSS 选择器类似，你同样也可以在浏览器控制台中测试 XPath 选择器。要想实现该目的，只需在页面中使用`$x('pattern_here');`选择器。相似地，你也可以只使用 JavaScript 的 `document` 对象，并调用其 `evaluate` 方法。

Mozilla 开发者网络中有一篇非常有用的教程，介绍了在 JavaScript 中使用 XPath 的方法，其网址为 `https://developer.mozilla.org/en-US/docs/Introduction_to_using_XPath_in_JavaScript`。

假如我们想要测试查找带有图片的 `td` 元素，来获取国家（或地区）页面中的旗帜数据的话，可以先在浏览器中测试 XPath 表达式，如图 2.6 所示。

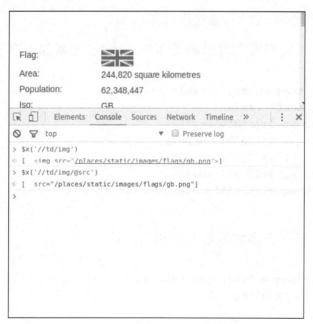

图 2.6

在这里可以看到,我们可以使用属性来指明想要抽取的数据(比如@src)。通过在浏览器中进行测试,我们可以凭借获取即时并且易读的结果,节省调试时间。

在本章及后续章节中,XPath 和 CSS 选择器都会使用到,这样你就可以更加熟悉它们,并且在你提高自己的网络爬虫能力时,对它们的使用更加自信。

2.5 LXML 和家族树

lxml 同样也有遍历 HTML 页面中家族树的能力。家族树是什么?当你使用浏览器的开发者工具来查看页面中的元素时,你可以展开或缩进它们,这就是在观察 HTML 的家族关系。网页中的每个元素都包含父亲、兄弟和孩子。这些关系可以帮助我们更加容易地遍历页面。

例如,当我希望查找页面中同一节点深度的所有元素时,就需要查找它们的兄弟;或是我希望得到页面中某个特定元素的所有子元素时。lxml 允许我们通过简单的 Python 代码大量使用此类关系。

作为示例,让我们来查看示例页面中 table 元素的所有子元素。

```
>>> table = tree.xpath('//table')[0]
>>> table.getchildren()
[<Element tr at 0x7f525158ec78>,
 <Element tr at 0x7f52515ad638>,
 <Element tr at 0x7f52515ad5e8>,
 <Element tr at 0x7f52515ad688>,
 <Element tr at 0x7f52515ad728>,
 ...]
```

我们还可以查看表格的兄弟元素和父元素。

```
>>> prev_sibling = table.getprevious()
>>> print(prev_sibling)
None
>>> next_sibling = table.getnext()
```

```
>>> print(next_sibling)
<Element div at 0x7f5252fe9138>
>>> table.getparent()
<Element form at 0x7f52515ad3b8>
```

如果你需要更加通用的方式来访问页面中的所有元素，那么结合 XPath 表达式遍历家族关系是一个能够让你不丢失任何内容的好方式。它可以帮助你从许多不同类型的页面中抽取内容，你可以通过识别页面中那些元素附近的内容，来识别页面中某些重要的部分。即使该元素没有可识别的 CSS 选择器，该方法同样也可以工作。

2.6　性能对比

要想更好地对 2.2 节中介绍的 3 种抓取方法评估取舍，我们需要对其相对效率进行对比。一般情况下，爬虫会抽取网页中的多个字段。因此，为了让对比更加真实，我们将为本章中的每个爬虫都实现一个扩展版本，用于抽取国家（或地区）网页中的每个可用数据。首先，我们需要回到浏览器中，检查国家（或地区）页面其他特征的格式，如图 2.7 所示。

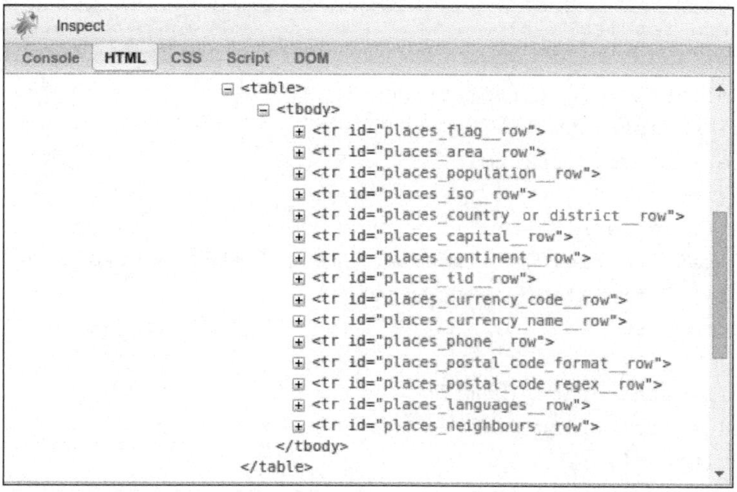

图 2.7

通过使用浏览器的查看功能，我们可以看到表格中的每一行都拥有一个以 places_ 起始且以 __row 结束的 ID。而在这些行中包含的国家（或地区）数据，其格式都和面积示例相同。下面是使用上述信息抽取所有可用国家（或地区）数据的实现代码。

```python
FIELDS = ('area', 'population', 'iso', 'country_or_district', 'capital', 'continent',
'tld', 'currency_code', 'currency_name', 'phone', 'postal_code_format',
'postal_code_regex', 'languages', 'neighbours')

import re
def re_scraper(html):
    results = {}
    for field in FIELDS:
        results[field] = re.search('<tr id="places_%s__row">.*?<td class="w2p_fw">(.*?)</td>' % field, html).groups()[0]
    return results

from bs4 import BeautifulSoup
def bs_scraper(html):
    soup = BeautifulSoup(html, 'html.parser')
    results = {}
    for field in FIELDS:
        results[field] = soup.find('table').find('tr',id='places_%s__row' % field).find('td', class_='w2p_fw').text
    return results

from lxml.html import fromstring
def lxml_scraper(html):
    tree = fromstring(html)
    results = {}
    for field in FIELDS:
        results[field] = tree.cssselect('table > tr#places_%s__row > td.w2p_fw' % field)[0].text_content()
    return results

def lxml_xpath_scraper(html):
    tree = fromstring(html)
    results = {}
    for field in FIELDS:
        results[field] =
```

```
tree.xpath('//tr[@id="places_%s__row"]/td[@class="w2p_fw"]' %
field)[0].text_content()
    return results
```

2.7　抓取结果

现在，我们已经完成所有爬虫代码的实现，接下来将通过如下代码片段，测试这 3 种方法的相对性能。代码中的导入操作期望你的目录结构与本书代码库相同，因此请根据需要进行调整。

```
import time
import re
from chp2.all_scrapers import re_scraper, bs_scraper,
    lxml_scraper, lxml_xpath_scraper
from chp1.advanced_link_crawler import download

NUM_ITERATIONS = 1000 # number of times to test each scraper
html = download('http://example.python-scraping.com/places/view/United-Kingdom-239')

scrapers = [
    ('Regular expressions', re_scraper),
    ('BeautifulSoup', bs_scraper),
    ('Lxml', lxml_scraper),
    ('Xpath', lxml_xpath_scraper)]

for name, scraper in scrapers:
    # record start time of scrape
    start = time.time()
    for i in range(NUM_ITERATIONS):
        if scraper == re_scraper:
            re.purge()
        result = scraper(html)
        # check scraped result is as expected
        assert result['area'] == '244,820 square kilometres'
    # record end time of scrape and output the total
    end = time.time()
    print('%s: %.2f seconds' % (name, end - start))
```

在这段代码中，每个爬虫都会执行1000次，每次执行都会检查抓取结果是否正确，然后打印总用时。这里使用的 `download` 函数依然是上一章中定义的那个函数。请注意，我们在代码行中调用了 `re.purge()` 方法。默认情况下，正则表达式模块会缓存搜索结果，为了使其与其他爬虫的对比更加公平，我们需要使用该方法清除缓存。

下面是在我的计算机中运行该脚本的结果。

```
$ python chp2/test_scrapers.py
Regular expressions: 1.80 seconds
BeautifulSoup: 14.05 seconds
Lxml: 3.08 seconds
Xpath: 1.07 seconds
```

由于硬件条件的区别，不同计算机的执行结果也会存在一定差异。不过，每种方法之间的相对差异应当是相似的。从结果中可以看出，在抓取我们的示例网页时，Beautiful Soup 的速度是其他方法的 1/6。实际上这一结果是符合预期的，因为 `lxml` 和正则表达式模块都是 C 语言编写的，而 `BeautifulSoup` 则是纯 Python 编写的。一个有趣的事实是，`lxml` 表现得和正则表达式差不多好。由于 `lxml` 在搜索元素之前，必须将输入解析为内部格式，因此会产生额外的开销。而当抓取同一网页的多个特征时，这种初始化解析产生的开销就会降低，`lxml` 也就更具竞争力。正如我们在使用 XPath 解析器时所看到的，`lxml` 也可以直接使用正则表达式与之抗争。这真是一个令人惊叹的模块！

虽然我们强烈鼓励你使用 `lxml` 进行解析，不过网络抓取的最大性能瓶颈通常是网络。我们将会讨论并行工作流的方法，从而让你能够通过并行处理多个请求工作，来提升爬虫的速度。

2.7.1 抓取总结

表 2.2 总结了每种抓取方法的优缺点。

表 2.2

抓取方法	性能	使用难度	安装难度
正则表达式	快	困难	简单（内置模块）
Beautiful Soup	慢	简单	简单（纯 Python）
Lxml	快	简单	相对困难

如果对你来说速度不是问题，并且更希望只使用 pip 安装库的话，那么使用较慢的方法（如 Beautiful Soup）也不成问题。如果只需抓取少量数据，并且想要避免额外依赖的话，那么正则表达式可能更加适合。不过，通常情况下，lxml 是抓取数据的最佳选择，这是因为该方法既快速又健壮，而正则表达式和 Beautiful Soup 或是速度不快，或是修改不易。

2.7.2　为链接爬虫添加抓取回调

前面我们已经了解了如何抓取国家（或地区）数据，接下来我们需要将其集成到第 1 章的链接爬虫当中。要想复用这段爬虫代码抓取其他网站，我们需要添加一个 callback 参数处理抓取行为。callback 是一个函数，在发生某个特定事件之后会调用该函数（在本例中，会在网页下载完成后调用）。这里的抓取 callback 函数包含 url 和 html 两个参数，并且可以返回一个待爬取的 URL 列表。下面是其实现代码，可以看出在 Python 中实现该功能非常简单。

```
def link_crawler(..., scrape_callback=None):
    ...
    data = []
    if scrape_callback:
        data.extend(scrape_callback(url, html) or [])
        ...
```

在上面的代码片段中，我们显示了新增加的抓取 callback 函数代码。如果想要获取该版本链接爬虫的完整代码，可以访问异步社区下载本书源码，从中找到该文件，其名为 advanced_link_crawler.py。

现在，我们只需对传入的 `scrape_callback` 函数进行定制化处理，就能使用该爬虫抓取其他网站了。下面对 `lxml` 抓取示例的代码进行了修改，使其能够在 `callback` 函数中使用。

```
def scrape_callback(url, html):
    fields = ('area', 'population', 'iso', 'country_or_district', 'capital',
              'continent', 'tld', 'currency_code', 'currency_name',
              'phone', 'postal_code_format', 'postal_code_regex',
              'languages', 'neighbours')
    if re.search('/view/', url):
        tree = fromstring(html)
        all_rows = [
            tree.xpath('//tr[@id="places_%s__row"]/td[@class="w2p_fw"]' % field)[0].text_content()
            for field in fields]
        print(url, all_rows)
```

上面这个 `callback` 函数会去抓取国家（或地区）数据，然后将其显示出来。我们可以通过导入这两个函数，并使用我们的正则表达式及 URL 调用它们，来进行测试。

```
>>> from chp2.advanced_link_crawler import link_crawler, scrape_callback
>>> link_crawler('http://example.python-scraping.com', '/(index|view)/',
scrape_callback=scrape_callback)
```

你现在应该能够看到页面下载的输出显示，以及一些显示了 URL 和被抓取数据的行，如下所示。

```
Downloading: http://example.python-scraping.com/view/Botswana-30
http://example.webscraping.com/view/Botswana-30 ['600,370 square
kilometres', '2,029,307', 'BW', 'Botswana', 'Gaborone', 'AF', '.bw', 'BWP',
'Pula', '267', '', '', 'en-BW,tn-BW', 'ZW ZA NA ']
```

通常，当抓取网站时，我们更希望复用得到的数据，而不仅仅是打印出来，因此我们将对该示例进行扩展，将结果保存到 CSV 电子表格当中，如下所示。

2.7 抓取结果

```python
import csv
import re
from lxml.html import fromstring
class CsvCallback:
    def __init__(self):
        self.writer = csv.writer(open('../data/countries_or_districts.csv','w'))
        self.fields = ('area', 'population', 'iso', 'country_or_district',
                       'capital', 'continent', 'tld', 'currency_code',
'currency_name',
                       'phone', 'postal_code_format', 'postal_code_regex',
                       'languages', 'neighbours')
        self.writer.writerow(self.fields)

    def __call__(self, url, html):
        if re.search('/view/', url):
            tree = fromstring(html)
            all_rows = [
                tree.xpath(
                    '//tr[@id="places_%s__row"]/td[@class="w2p_fw"]' %
field)[0].text_content()
                for field in self.fields]
            self.writer.writerow(all_rows)
```

为了实现该 `callback`,我们使用了回调类,而不再是回调函数,以便保持 `csv` 中 `writer` 属性的状态。`csv` 的 `writer` 属性在构造方法中进行了实例化处理,然后在 `__call__` 方法中执行了多次写操作。请注意,`__call__` 是一个特殊方法,在对象作为函数被调用时会调用该方法,这也是链接爬虫中 `cache_callback` 的调用方法。也就是说,`scrape_callback(url, html)` 和调用 `scrape_callback.__call__(url,html)` 是等价的。如果想要了解更多有关 Python 特殊类方法的知识,可以参考 https://docs.python.org/3/reference/datamodel.html#special-method-names。

下面是向链接爬虫传入回调的代码写法。

```
>>> from chp2.advanced_link_crawler import link_crawler
>>> from chp2.csv_callback import CsvCallback
>>> link_crawler('http://example.python-scraping.com/', '/(index|view)',
```

```
max_depth=-1, scrape_callback=CsvCallback())
```

请注意，`CsvCallback` 期望在与你运行代码的父目录同一层中包含一个 `data` 目录。这一要求同样可以修改，不过我们建议你遵循良好的编码实践，保持代码与数据分离——让你的代码在版本控制之下，而 `data` 目录在 `.gitignore` 文件中。下面是示例的目录结构。

```
wswp/
|-- code/
|    |-- chp1/
|    |    + (code files from chp 1)
|    +-- chp2/
|         + (code files from chp 2)
|-- data/
|    + (generated data files)
|-- README.md
+-- .gitignore
```

现在，当我们运行这个使用了 `scrape_callback` 的爬虫时，程序就会将结果写入到一个 CSV 文件中，我们可以使用类似 Excel 或者 LibreOffice 的应用查看该文件。此时可能会比第一次运行时花费更多时间，因为它正在忙碌地收集信息。当爬虫退出时，你应该就可以查看包含所有数据的 CSV 文件了，如图 2.8 所示。

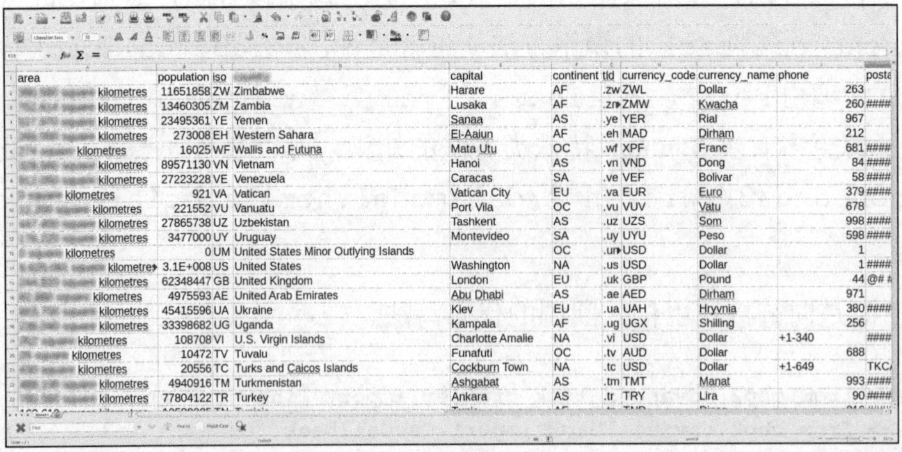

图 2.8

成功了！我们完成了第一个可以工作的数据抓取爬虫。

2.8 本章小结

在本章中，我们介绍了几种抓取网页数据的方法。正则表达式在一次性数据抓取中非常有用，此外还可以避免解析整个网页带来的开销；`BeautifulSoup` 提供了更高层次的接口，同时还能避免过多麻烦的依赖。不过，通常情况下，`lxml` 是我们的最佳选择，因为它速度更快，功能更加丰富，因此在接下来的例子中我们将会使用 `lxml` 模块进行数据抓取。

我们还学习了如何使用浏览器工具和控制台查看 HTML 页面，以及定义 CSS 选择器和 XPath 选择器来匹配和抽取已下载页面中的内容。

在下一章中，我们将会介绍缓存技术，这样就能把网页保存下来，只在爬虫第一次运行时才会下载网页。

第 3 章
下载缓存

在上一章中，我们学习了如何从已爬取到的网页中抓取数据，以及将抓取结果保存到 CSV 文件中。如果我们还想抓取另外一个字段，比如国旗图片的 URL，那么又该怎么做呢？要想抓取这些新增的字段，我们需要重新下载整个网站。对于我们这个小型的示例网站而言，这可能不算特别大的问题。但是，对于那些拥有数百万个网页的网站来说，重新爬取可能需要耗费几个星期的时间。爬虫避免此类问题的方式之一是从开始时就缓存被爬取的网页，这样就可以让每个网页只下载一次。

在本章中，我们将介绍几种使用网络爬虫实现该目标的方式。

在本章中，我们将介绍如下主题：

- 何时使用缓存；
- 为链接爬虫添加缓存支持；
- 测试缓存；
- 使用 requests-cache；
- 实现 Redis 缓存。

3.1 何时使用缓存

缓存，还是不缓存？对于很多程序员、数据科学家以及进行网络抓取的人来说，是一个需要回答的问题。在本章中，我们将介绍如何对网络爬虫使用缓存，不过你是否应当使用缓存呢？

如果你需要执行一个大型爬取工作，那么它可能会由于错误或异常被中断，缓存可以帮助你无须重新爬取那些可能已经抓取过的页面。缓存还可以让你在离线时访问这些页面（出于数据分析或开发的目的）。

不过，如果你的最高优先级是获得网站最新和当前的信息，那此时缓存就没有意义。此外，如果你没有计划实现大型或可重复的爬虫，那么可能只需要每次去抓取页面即可。

在开始实现之前，你可能想要简要了解一下正在抓取的页面多久会发生变更，或是你应该多久清空缓存并抓取新页面，不过首先让我们学习如何使用缓存！

3.2 为链接爬虫添加缓存支持

要想支持缓存，我们需要修改第 1 章中编写的 download 函数，使其在 URL 下载之前进行缓存检查。另外，我们还需要把限速功能移至函数内部，只有在真正发生下载时才会触发限速，而在加载缓存时不会触发。为了避免每次下载都要传入多个参数，我们借此机会将 download 函数重构为一个类，这样只需在构造方法中设置参数，就能在后续下载时多次复用。下面是支持了缓存功能的代码实现。

```
from chp1.throttle import Throttle
from random import choice
import requests
```

```python
class Downloader:
    def __init__(self, delay=5, user_agent='wswp', proxies=None, cache={}):
        self.throttle = Throttle(delay)
        self.user_agent = user_agent
        self.proxies = proxies
        self.num_retries = None # we will set this per request
        self.cache = cache

    def __call__(self, url, num_retries=2):
        self.num_retries = num_retries
        try:
            result = self.cache[url]
            print('Loaded from cache:', url)
        except KeyError:
            result = None
        if result and self.num_retries and 500 <= result['code'] < 600:
            # server error so ignore result from cache
            # and re-download
            result = None
        if result is None:
            # result was not loaded from cache
           # so still need to download
           self.throttle.wait(url)
           proxies = choice(self.proxies) if self.proxies else None
           headers = {'User-Agent': self.user_agent}
           result = self.download(url, headers, proxies)
           if self.cache:
               # save result to cache
               self.cache[url] = result
    return result['html']

def download(self, url, headers, proxies, num_retries):
    ...
    return {'html': html, 'code': resp.status_code }
```

 下载类的完整源码可以在本书源码文件的 chp3 文件夹中找到，其名为 downloader.py。

前面代码中的 Download 类有一个比较有意思的部分，那就是 __call__ 特殊方法，在该方法中我们实现了下载前检查缓存的功能。该方法首先会检查 URL 之前是否已经放入缓存中。默认情况下，缓存是一个 Python 字典。如果 URL 已经被缓存，则检查之前的下载中是否遇到了服务器端错误。最后，如果也没有发生过服务器端错误，则表明该缓存结果可用。如果上述检查中的任何一项失败，都需要正常下载该 URL，然后将得到的结果添加到缓存中。

这里的 `download` 方法和之前的 `download` 函数基本一样，只是现在返回了 HTTP 状态码，以便在缓存中存储错误码。此外，这里不再调用自身并检测 `num_retries`，而是先减少 `self.num_retries`，如果还有重试次数剩余的话，则递归使用 `self.download`。当然，如果你只需要一个简单的下载功能，而不需要限速或缓存的话，可以直接调用该方法，这样就不会通过 `__call__` 方法调用了。

而对于 cache 类，我们可以通过调用 `result = cache[url]` 从 cache 中加载数据，并通过 `cache[url] = result` 向 cache 中保存结果，这是一个来自 Python 内置字典数据类型的便捷接口。为了支持该接口，我们的 cache 类需要定义 `__getitem__()` 和 `__setitem__()` 这两个特殊的类方法。

此外，为了支持缓存功能，链接爬虫的代码也需要进行一些微调，包括添加 cache 参数、移除限速以及将 download 函数替换为新的类等，如下面的代码所示。

```
def link_crawler(..., num_retries=2, cache={}):
    crawl_queue = [seed_url]
    seen = {seed_url: 0}
    rp = get_robots(seed_url)
    D = Downloader(delay=delay, user_agent=user_agent, proxies=proxies, cache=cache)

    while crawl_queue:
        url = crawl_queue.pop()
        # check url passes robots.txt restrictions
        if rp.can_fetch(user_agent, url):
            depth = seen.get(url, 0)
            if depth == max_depth:
                continue
```

```
        html = D(url, num_retries=num_retries)
        if not html:
            continue
        ...
```

你会发现 `num_retries` 现在链接到了我们的调用中。这样我们就可以基于每个 URL 使用请求重试次数了。如果我们简单地使用相同的重试次数，而不重设 `self.num_retries` 的值，一旦某个页面出现 500 错误，就会用尽重试次数。

你可以在本书源码中的 `chp3` 文件夹中再次查看完整代码，其名为 `advanced_link_crawler.py`。现在，这个网络爬虫的基本架构已经准备好了，下面就要开始构建实际的缓存了。

3.3 磁盘缓存

要想缓存下载结果，我们先来尝试最容易想到的方案，将下载到的网页存储到文件系统中。为了实现该功能，我们需要将 URL 安全地映射为跨平台的文件名。表 3.1 所示为几大主流文件系统的限制。

表 3.1

操作系统	文件系统	非法文件名字符	文件名最大长度
Linux	Ext3/Ext4	/ 和 \0	255 字节
OS X	HFS Plus	: 和 \0	255 个 UTF-16 编码单元
Windows	NTFS	\、/、?、:、*、"、>、<和 |	255 个字符

为了保证在不同文件系统中，我们的文件路径都是安全的，就需要限制其只能包含数字、字母和基本符号，并将其他字符替换为下划线，其实现代码如下所示。

```
>>> import re
>>> url = 'http://example.python-scraping.com/default/view/Australia-1'
>>> re.sub('[^/0-9a-zA-Z\-.,;_ ]', '_', url)
```

'http_//example.python-scraping.com/default/view/Australia-1'

此外，文件名及其父目录的长度需要限制在 255 个字符以内（实现代码如下），以满足表 3.1 中给出的长度限制。

```
>>> filename = re.sub('[^/0-9a-zA-Z\-.,;_ ]', '_', url)
>>> filename = '/'.join(segment[:255] for segment in filename.split('/'))
>>> print(filename)
'http_//example.python-scraping.com/default/view/Australia-1'
```

由于这里的 URL 部分没有超过 255 个字符，因此文件路径不需要改变。还有一种边界情况需要考虑，那就是 URL 路径可能会以斜杠（/）结尾，此时斜杠后面的空字符串就会成为一个非法的文件名。但是，如果移除这个斜杠，使用其父字符串作为文件名，又会造成无法保存其他 URL 的问题。考虑下面这两个 URL：

- http://example.python-scraping.com/index/
- http://example.python-scraping.com/index/1

如果我们希望这两个 URL 都能保存下来，就需要以 index 作为目录名，以文件名 1 作为子页面。对于像第一个 URL 路径这样以斜杠结尾的情况，这里使用的解决方案是添加 index.html 作为其文件名。同样地，当 URL 路径为空时也需要进行相同的操作。为了解析 URL，我们需要使用 urlsplit 函数，将 URL 分割成几个部分。

```
>>> from urllib.parse import urlsplit
>>> components = urlsplit('http://example.python-scraping.com/index/')
>>> print(components)
SplitResult(scheme='http', netloc='example.python-scraping.com',
path='/index/', query='', fragment='')
>>> print(components.path)
'/index/'
```

该函数提供了解析和处理 URL 的便捷接口。下面是使用该模块对上述边界情况添加 index.html 的示例代码。

```
>>> path = components.path
>>> if not path:
>>>     path = '/index.html'
>>> elif path.endswith('/'):
>>>     path += 'index.html'
>>> filename = components.netloc + path + components.query
>>> filename
'example.python-scraping.com/index/index.html'
```

根据所抓取网站的不同,可能需要修改边界情况处理功能。比如,由于Web 服务器有其期望的 URL 传输方式,一些站点会在每个 URL 后添加/。对于这些站点,你可能只需要去除每个 URL 尾部的斜杠即可。再次重申,你需要评估并更新网络爬虫的代码,以最佳适应想要抓取的网站。

3.3.1 实现磁盘缓存

上一节中,我们介绍了创建基于磁盘的缓存时需要考虑的文件系统限制,包括允许使用哪些字符、文件名长度限制,以及确保文件和目录的创建位置不同。把 URL 到文件名的这些映射逻辑与代码结合起来,就形成了磁盘缓存的主要部分。下面是 DiskCache 类的初始实现代码。

```
import os
import re
from urllib.parse import urlsplit

class DiskCache:
    def __init__(self, cache_dir='cache', max_len=255):
        self.cache_dir = cache_dir
        self.max_len = max_len

    def url_to_path(self, url):
        """ Return file system path string for given URL"""
        components = urlsplit(url)
        # append index.html to empty paths
        path = components.path
        if not path:
            path = '/index.html'
        elif path.endswith('/'):
```

```
            path += 'index.html'
        filename = components.netloc + path + components.query
        # replace invalid characters
        filename = re.sub('[^/0-9a-zA-Z\-.,;_ ]', '_', filename)
        # restrict maximum number of characters
        filename = '/'.join(seg[:self.max_len] for seg in
filename.split('/'))
        return os.path.join(self.cache_dir, filename)
```

在上面的代码中，构造方法传入了一个用于设定缓存位置的参数，然后在 url_to_path 方法中应用了前面讨论的文件名限制。现在，我们还缺少根据文件名存取数据的方法。

下面的代码实现了这两个缺失的方法。

```
import json
class DiskCache:
    ...
    def __getitem__(self, url):
        """Load data from disk for given URL"""
        path = self.url_to_path(url)
        if os.path.exists(path):
            return json.load(path)
        else:
            # URL has not yet been cached
            raise KeyError(url + ' does not exist')

    def __setitem__(self, url, result):
        """Save data to disk for given url"""
        path = self.url_to_path(url)
        folder = os.path.dirname(path)
        if not os.path.exists(folder):
            os.makedirs(folder)
        json.dump(result, path)
```

在 __setitem()__ 中，我们使用 url_to_path() 方法将 URL 映射为安全文件名，在必要情况下还需要创建父目录。这里使用的 json 模块会对 Python 进行序列化处理，然后保存到磁盘中。而在 __getitem__() 方法中，首先会将 URL 映射为安全文件名。如果文件存在，则使用 json 加载其内容，并恢复其原始数据类型;如果文件不存在(即缓存中还没有该 URL 的数据),则会抛出 `KeyError` 异常。

3.3.2 缓存测试

现在,我们通过向爬虫传递 `cache` 关键词参数,来检验 DiskCache 类。该类的完整源代码位于本书源码的 chp3 文件夹中,其名为 `diskcache.py`,并且在任何 Python 解释器中均可以测试该缓存。

 IPython 是编写和解释 Python 的一套不错的工具,尤其是使用 IPython `magic commands` 进行 Python 调试时。你可以使用 pip 或 conda 安装 IPython (`pip install ipython`)。

下面,我们使用 IPython 帮助我们对请求计时,以测试其性能。

```
In [1]: from chp3.diskcache import DiskCache

In [2]: from chp3.advanced_link_crawler import link_crawler

In [3]: %time link_crawler('http://example.python-scraping.com/',
'/(index|view)', cache=DiskCache())
Downloading: http://example.python-scraping.com/
Downloading: http://example.python-scraping.com/index/1
Downloading: http://example.python-scraping.com/index/2
...
Downloading: http://example.python-scraping.com/view/Afghanistan-1
CPU times: user 300 ms, sys: 16 ms, total: 316 ms
Wall time: 1min 44s
```

第一次执行该命令时,由于缓存为空,因此网页会被正常下载。但当我们第二次执行该脚本时,网页加载自缓存中,爬虫应该更快完成执行,其执行结果如下所示。

```
In [4]: %time link_crawler('http://example.python-scraping.com/',
'/(index|view)', cache=DiskCache())
Loaded from cache: http://example.python-scraping.com/
```

```
Loaded from cache: http://example.python-scraping.com/index/1
Loaded from cache: http://example.python-scraping.com/index/2
...
Loaded from cache:http://example.python-scraping.com/view/Afghanistan-1
CPU times: user 20 ms, sys: 0 ns, total: 20 ms
Wall time: 1.1 s
```

和上面的预期一样，爬取操作很快就完成了。当缓存为空时，我计算机中的爬虫下载耗时超过 1 分钟；而在第二次全部使用缓存时，该耗时只有 1.1 秒（比第一次爬取快了大约 94 倍！）。

由于硬件和网络连接速度的差异，在不同计算机中的准确执行时间也会有所区别。不过毋庸置疑的是，磁盘缓存比通过 HTTP 下载速度更快。

3.3.3　节省磁盘空间

为了最小化缓存所需的磁盘空间，我们可以对下载得到的 HTML 文件进行压缩处理。处理的实现方法很简单，只需在保存到磁盘之前使用 zlib 压缩序列化字符串即可。使用当前实现有助于人类阅读这些文件。我可以阅读任意缓存页面，并以 JSON 格式查看字典。如果需要的话，我还可以复用这些文件，将它们移至不同的操作系统中，用于非 Python 代码。添加压缩将使这些文件不再打开即可阅读，而且当我们通过其他编码语言使用下载的文件时，可能会引入一些编码问题。为了能够启用和关闭压缩，我们将其添加到构造函数中，并与文件编码（默认值设为 UTF-8）一起使用。

```
class DiskCache:
    def __init__(self, cache_dir='../data/cache', max_len=255, compress=True,
                 encoding='utf-8'):
        ...
        self.compress = compress
        self.encoding = encoding
```

然后，需要更新 __getitem__ 和 __setitem__ 方法。

```
# in __getitem__ method for DiskCache class
```

```python
        mode = ('rb' if self.compress else 'r')
        with open(path, mode) as fp:
            if self.compress:
                data = zlib.decompress(fp.read()).decode(self.encoding)
                return json.loads(data)
            return json.load(fp)

# in __setitem__ method for DiskCache class
mode = ('wb' if self.compress else 'w')
with open(path, mode) as fp:
    if self.compress:
        data = bytes(json.dumps(result), self.encoding)
        fp.write(zlib.compress(data))
    else:
        json.dump(result, fp)
```

压缩完所有网页之后，缓存大小从 416KB 下降到 156KB，而在我的计算机上爬取缓存示例网站的时间是 260 毫秒。

根据你的操作系统和 Python 安装的不同，等待时间可能会略长于未压缩的缓存（我这里实际更短）。根据约束的优先级不同（速度与内存、调试的方便性等），需要对你的爬虫是否使用压缩做出明智而慎重的决策。

你可以在本书代码库中查看更新了的磁盘缓存代码，它位于本书源码的 chp3 文件夹中，其名为 diskcache.py。

3.3.4　清理过期数据

当前版本的磁盘缓存使用键值对的形式在磁盘上保存缓存，未来无论何时请求都会返回结果。对于缓存网页而言，该功能可能不太理想，因为网页内容随时都有可能发生变化，存储在缓存中的数据存在过期风险。本节中，我们将为缓存数据添加过期时间，以便爬虫知道何时需要下载网页的最新版本。在缓存网页时支持存储时间戳的功能也很简单。

下面的代码为该功能的实现。

```python
from datetime import datetime, timedelta
```

```python
class DiskCache:
    def __init__(..., expires=timedelta(days=30)):
        ...
        self.expires = expires

## in __getitem__ for DiskCache class
with open(path, mode) as fp:
    if self.compress:
        data = zlib.decompress(fp.read()).decode(self.encoding)
        data = json.loads(data)
    else:
        data = json.load(fp)
    exp_date = data.get('expires')
    if exp_date and datetime.strptime(exp_date,
                                      '%Y-%m-%dT%H:%M:%S') <= datetime.utcnow():
        print('Cache expired!', exp_date)
        raise KeyError(url + ' has expired.')
    return data
## in __setitem__ for DiskCache class
result['expires'] = (datetime.utcnow() +
self.expires).isoformat(timespec='seconds')
```

在构造方法中,我们使用 `timedelta` 对象将默认过期时间设置为 30 天。然后,在 `__set__` 方法中,把过期时间戳作为键保存到结果字典中;而在 `__get__` 方法中,对比当前 UTC 时间和缓存时间,检查是否过期。为了测试过期时间功能,我们可以将其缩短为 5 秒,如下所示。

```
>>> cache = DiskCache(expires=timedelta(seconds=5))
>>> url = 'http://example.python-scraping.com'
>>> result = {'html': '...'}
>>> cache[url] = result
>>> cache[url]
{'html': '...'}
>>> import time; time.sleep(5)
>>> cache[url]
Traceback (most recent call last):
...
KeyError: 'http://example.python-scraping.com has expired'
```

和预期一样,缓存结果最初是可用的,经过 5 秒的睡眠之后,再次调用同一 URL,则会抛出 `KeyError` 异常,也就是说缓存下载失效了。

3.3.5 磁盘缓存缺点

基于磁盘的缓存系统比较容易实现,无须安装其他模块,并且在文件管理器中就能查看结果。但是,该方法存在一个缺点,即受制于本地文件系统的限制。本章早些时候,为了将 URL 映射为安全文件名,我们应用了多种限制,然而该系统又会引发另一个问题,那就是一些 URL 会被映射为相同的文件名。比如,在对如下几个 URL 进行字符替换之后就会得到相同的文件名。

- `http://example.com/?a+b`
- `http://example.com/?a*b`
- `http://example.com/?a=b`
- `http://example.com/?a!b`

这就意味着,如果其中一个 URL 生成了缓存,其他 3 个 URL 也会被认为已经生成缓存,因为它们映射到了同一个文件名。另外,如果一些长 URL 只在第 255 个字符之后存在区别,截断后的版本也会被映射为相同的文件名。这个问题非常重要,因为 URL 的最大长度并没有明确限制。尽管在实践中 URL 很少会超过 2000 个字符,并且早期版本的 IE 浏览器也不支持超过 2083 个字符的 URL。

避免这些限制的一种解决方案是使用 URL 的哈希值作为文件名。尽管该方法可以带来一定改善,但是最终还是会面临许多文件系统具有的一个关键问题,那就是每个卷和每个目录下的文件数量是有限制的。如果缓存存储在 FAT32 文件系统中,每个目录的最大文件数是 65535。该限制可以通过将缓存分割到不同目录来避免,但是文件系统可存储的文件总数也是有限制的。我使用的 ext4 分区目前支持略多于 3100 万个文件,而一个大型网站往往拥有超过 1 亿个网页。很遗憾,DiskCache 方法想要通用的话存在太多限制。要想避免这些问题，我们需要把多个缓存网页合并到一个文件中，并使用 B+树或类似数据结构进行索引。我们并不会自己进行实现，而是在下一节中使用已有的键值对存储。

3.4 键值对存储缓存

为了避免基于磁盘的缓存已知的局限，我们将在已有的键值对存储系统上构建缓存。在爬取时，我们可能需要缓存大量数据，但又不需要任何复杂的连接，因此我们将使用高效的键值对存储，它要比传统关系型数据库甚至大多数 NoSQL 数据库更加易于扩展。具体来说，我们将使用非常流行的键值对存储 Redis 作为我们的缓存。

3.4.1 键值对存储是什么

键值对存储类似于 Python 字典，存储中的每个元素都有一个键和一个值。在设计 `DiskCache` 时，键值对模型可以很好地解决该问题。Redis 实际上表示 REmote DIctionary Server（远程字典服务器）。Redis 最初发布于 2009 年，其 API 支持许多不同语言（包括 Python）的客户端。它区别于一些更简单的键值对存储（如 memcache），因为它的值可以是几种不同的结构化数据类型。Redis 可以很容易地通过集群进行扩展，并且已经在一些大公司（比如 Twitter）中作为海量缓存存储使用，比如 Twitter 的一个 B 树拥有大约 65TB 的分配堆内存。

对于你的抓取和爬取需求来说，可能需要为每个文档提供更多的信息，或是需要基于文档中的数据进行搜索和选择。对于这些情况，我推荐使用基于文档的数据库，例如 ElasticSearch 或 MongoDB。无论是键值对存储，还是基于文档的数据库，与使用模式的传统 SQL 数据库（例如 PostgreSQL 和 MySQL）相比，都能以更加清晰简单的方式，对非关系型数据进行扩展和快速查询。

3.4.2 安装 Redis

我们可以按照 Redis 官网说明,通过编译最新源码的方式安装 Redis。如果你使用的是 Windows,则需要使用 MSOpenTech 的项目安装 Redis,或是简单地通过虚拟机(使用 Vagrant)或 Docker 实例的方式进行安装。然后,需要使用如下命令单独安装 Python 客户端。

```
pip install redis
```

如果想要测试安装是否正常,可以在本地启动 Redis(或者在你的虚拟机或容器中),命令如下。

```
$ redis-server
```

你将看到一些文本,包括版本号以及 Redis 标志等。在文本最后,你将看到类似如下的消息。

```
1212:M 18 Feb 20:24:44.590 * The server is now ready to accept connections
on port 6379
```

一般情况下,你的 Redis 服务器将使用相同的端口,即默认端口(6379)。为了测试 Python 客户端并连接 Redis,我们可以使用 Python 解释器(在下面的代码中,我使用了 IPython),如下所示。

```
In [1]: import redis

In [2]: r = redis.StrictRedis(host='localhost', port=6379, db=0)

In [3]: r.set('test', 'answer')
Out[3]: True

In [4]: r.get('test')
Out[4]: b'answer'
```

在前面的代码中,我们简单地连接了我们的 Redis 服务器,然后使用 set 命令设置了一个键为'test'、值为'answer'的记录。我们可以使用 get 命令很容易地取得该记录。

 如果想要查看更多关于如何设置 Redis 作为后台进程运行的选项，我建议使用官方的 Redis 快速入门，或是使用你喜欢的搜索引擎搜索针对特定操作系统或安装的具体说明。

3.4.3 Redis 概述

下面给出了如何将示例网站数据存入 Redis，而后加载它的例子。

```
In [5]: url = 'http://example.python-scraping.com/view/United-Kingdom-239'

In [6]: html = '...'

In [7]: results = {'html': html, 'code': 200}

In [8]: r.set(url, results)
Out[8]: True

In [9]: r.get(url)
Out[9]: b"{'html': '...', 'code': 200}"
```

从 `get` 输出中可以看到，我们从 Redis 存储中接收到的是 `bytes` 类型，即使我们插入的是字典或字符串。我们可以通过使用 `json` 模块，按照对于 `DiskCache` 类相同的方式管理这些序列化数据。

如果我们需要更新 URL 的内容，会发生什么呢？

```
In [10]: r.set(url, {'html': 'new html!', 'code': 200})
Out[10]: True

In [11]: r.get(url)
Out[11]: b"{'html': 'new html!', 'code': 200}"
```

从上面的输出中可以看到，Redis 的 `set` 命令只是简单地覆盖了之前的值，这对于类似网络爬虫这样的简单存储来说非常合适。对于我们的需求而言，我们只需要每个 URL 有一个内容集合即可，因此它能够很好地映射为键值对存储。

让我们来看一下存储里有什么,并且清除不需要的数据。

```
In [12]: r.keys()
Out[12]: [b'test',
b'http://example.python-scraping.com/view/United-Kingdom-239']

In [13]: r.delete('test')
Out[13]: 1

In [14]: r.keys()
Out[14]: [b'http://example.python-scraping.com/view/United-Kingdom-239']
```

keys方法返回了所有可用键的列表,而delete方法可以让我们传递一个(或多个)键并从存储中删除它们。我们还可以删除所有的键,如下所示。

```
In [15]: r.flushdb()
Out[15]: True

In [16]: r.keys()
Out[16]: []
```

Redis还有很多命令和工具,请阅读文档以进一步了解。现在,我们已经具备了使用Redis作为后端,为我们的网络爬虫创建缓存所需了解的所有内容了。

> Python 的 Redis 客户端提供了良好的文档,以及多个在 Python 中使用 Redis 的用例(比如 PubSub 管道或作为大型连接池)。Redis 的官方文档中有一个包含了教程、书籍、参考以及用例的长列表,因此如果你想要了解如何扩展、安装以及部署 Redis 的话,我推荐你从这里开始。如果你在云或服务器上使用 Redis 的话,不要忘记对你的 Redis 实例实施安全措施!

3.4.4 Redis 缓存实现

现在,我们已经准备好使用与之前 DiskCache 类相同的类接口构建

Redis 缓存了。

```python
import json
from datetime import timedelta
from redis import StrictRedis

class RedisCache:
    def __init__(self, client=None, expires=timedelta(days=30), encoding='utf-8'):
        # if a client object is not passed then try
        # connecting to redis at the default localhost port
        self.client = StrictRedis(host='localhost', port=6379, db=0)
            if client is None else client
        self.expires = expires
        self.encoding = encoding

    def __getitem__(self, url):
        """Load value from Redis for the given URL"""
        record = self.client.get(url)
        if record:
            return json.loads(record.decode(self.encoding))
        else:
            raise KeyError(url + ' does not exist')

    def __setitem__(self, url, result):
        """Save value in Redis for the given URL"""
        data = bytes(json.dumps(result), self.encoding)
        self.client.setex(url, self.expires, data)
```

这里的 `__getitem__` 和 `__setitem__` 方法与前一节中关于如何在 Redis 中获取及设置键的讨论很相似，不过在这里我们使用了 `json` 模块控制序列化，并使用了 `setex` 方法，能够使我们在设置键值时附带过期时间。`setex` 既可以接受 `datetime.timedelta`，也可以接受以秒为单位的数值。这是一个非常方便的 Redis 功能，可以在指定秒数后自动删除记录。这就意味着我们不再需要像 `DiskCache` 类那样手工检查记录是否在我们的过期规则内。让我们使用 20 秒的时间差在 IPython 中进行尝试，观察缓存过期。

```
In [1]: from chp3.rediscache import RedisCache

In [2]: from datetime import timedelta

In [3]: cache = RedisCache(expires=timedelta(seconds=20))

In [4]: cache['test'] = {'html': '...', 'code': 200}

In [5]: cache['test']
Out[5]: {'code': 200, 'html': '...'}

In [6]: import time; time.sleep(20)

In [7]: cache['test']
---------------------------------------------------------------------
KeyError Traceback (most recent call last)
...
KeyError: 'test does not exist'
```

结果显示我们的缓存可以按照预期工作，可以在 JSON、字典和 Redis 键值对存储间进行序列化和反序列化操作，并且能够对结果进行过期处理。

3.4.5 压缩

要想完全对比该缓存功能与原始的磁盘缓存，我们需要添加最后一个功能：**压缩**。压缩的实现方式类似于磁盘缓存，先对数据进行序列化，然后使用 `zlib` 进行压缩，如下所示。

```python
import zlib
from bson.binary import Binary

class RedisCache:
    def __init__(..., compress=True):
        ...
        self.compress = compress

    def __getitem__(self, url):
        record = self.client.get(url)
        if record:
            if self.compress:
```

```
            record = zlib.decompress(record)
        return json.loads(record.decode(self.encoding))
    else:
        raise KeyError(url + ' does not exist')

def __setitem__(self, url, result):
    data = bytes(json.dumps(result), self.encoding)
    if self.compress:
        data = zlib.compress(data)
    self.client.setex(url, self.expires, data)
```

3.4.6 测试缓存

RedisCache 类的源码可以在本书源码文件中的 `chp3` 文件夹中找到，其名为 `rediscache.py`。和 DiskCache 一样，该缓存也可以在任何 Python 解释器中使用链接爬虫来进行测试。在这里，我们使用 IPython，以便利用 `%time` 命令。

```
In [1]: from chp3.advanced_link_crawler import link_crawler

In [2]: from chp3.rediscache import RedisCache

In [3]: %time link_crawler('http://example.python-scraping.com/',
'/(index|view)', cache=RedisCache())
Downloading: http://example.python-scraping.com/
Downloading: http://example.python-scraping.com/index/1
Downloading: http://example.python-scraping.com/index/2
...
Downloading: http://example.python-scraping.com/view/Afghanistan-1
CPU times: user 352 ms, sys: 32 ms, total: 384 ms
Wall time: 1min 42s

In [4]: %time link_crawler('http://example.Python-scraping.com/',
'/(index|view)', cache=RedisCache())
Loaded from cache: http://example.python-scraping.com/
Loaded from cache: http://example.python-scraping.com/index/1
Loaded from cache: http://example.python-scraping.com/index/2
...
Loaded from cache: http://example.python-scraping.com/view/Afghanistan-1
```

```
CPU times: user 24 ms, sys: 8 ms, total: 32 ms
Wall time: 282 ms
```

在第一次迭代中，这里花费的时间与 `DiskCache` 基本相同。不过，Redis 的速度在缓存加载时才能真正体现出来，与未压缩的磁盘缓存系统相比，有着超过 3 倍的速度增长。缓存代码可读性的增加，以及 Redis 集群在高可用性大数据解决方案上的扩展能力，则是锦上添花。

3.4.7 探索 requests-cache

有时，你可能希望缓存内部使用了 `requests` 库，或者你可能不希望管理缓存类来自己处理。如果是这样的情况，则可以使用 `requests-cache` 这个不错的库，它实现了一些不同的后端选项，用于为 `requests` 库创建缓存。当使用 `requests-cache` 时，通过 `requests` 库访问 URL 的所有 get 请求都会先检查缓存，只有没在缓存中找到的页面才会请求。

`requests-cache` 支持多种后端，包括 Redis、MongoDB（一种 NoSQL 数据库）、SQLite（一种轻量级的关系型数据库）以及内存（非永久保存，因此不推荐）。由于我们已经安装了 Redis，因此我们将使用它作为我们的后端。我们先从安装这个库开始。

```
pip install requests-cache
```

现在，我们可以在 IPython 中，使用一些简单的命令安装并测试我们的缓存了。

```
In [1]: import requests_cache

In [2]: import requests

In [3]: requests_cache.install_cache(backend='redis')

In [4]: requests_cache.clear()

In [5]: url = 'http://example.python-scraping.com/view/United-Kingdom-239'
```

```
In [6]: resp = requests.get(url)

In [7]: resp.from_cache
Out[7]: False

In [8]: resp = requests.get(url)

In [9]: resp.from_cache
Out[9]: True
```

如果我们使用它来代替我们自己的缓存类的话,只需使用 install_cache 命令实例化缓存,然后每个请求(只要我们使用了 requests 库)就都会保存在 Redis 后端中了。我们同样也可以使用一个简单的命令设置过期时间。

```
from datetime import timedelta
requests_cache.install_cache(backend='redis',
    expire_after=timedelta(days=30))
```

为了对比 requests-cache 与我们自己的实现的速度,我们需要构建新的下载器和链接爬虫。该下载器同样实现了之前推荐的 requests 钩子,以允许限速,其文档位于 requests-cache 的用户手册中,地址为 https://requests-cache.readthedocs.io/en/latest/user_guide.html。

要想查看完整代码,可以访问新下载器的代码地址以及新的链接爬虫的地址,它们位于本书源码的 chp3 文件夹中,其名分别为 downloader_requests_cache.py 和 requests_cache_link_crawler.py。我们可以使用 IPython 测试它们,以对比性能。

```
In [1]: from chp3.requests_cache_link_crawler import link_crawler
...
In [3]: %time link_crawler('http://example.python-scraping.com/',
'/(index|view)')
Returning from cache: http://example.python-scraping.com/
Returning from cache: http://example.python-scraping.com/index/1
```

```
Returning from cache: http://example.python-scraping.com/index/2
...
Returning from cache:http://example.python-scraping.com/view/Afghanistan-1
CPU times: user 116 ms, sys: 12 ms, total: 128 ms
Wall time: 359 ms
```

可以看到，requests-cache 解决方案的性能略低于我们自己的 Redis 方案，不过它的代码行数更少，速度依然很快（远超过磁盘缓存方案）。尤其是当你使用可能在内部使用 requests 管理的其他库时，requests-cache 的实现是一个非常不错的工具。

3.5 本章小结

本章中，我们了解到缓存已下载的网页可以节省时间，并能最小化重新爬取网站所耗费的带宽。不过，缓存页面会占用磁盘空间，而我们可以使用压缩的方式缓解一些空间占用。此外，在类似 Redis 的现有存储系统的基础之上创建缓存，可以有效避免速度、内存以及文件系统的限制。

下一章中，我们将为爬虫添加更多的功能，从而实现并发下载网页，使爬虫运行得更快。

第 4 章
并发下载

在之前的章节中，我们的爬虫都是串行下载网页的，只有前一次下载完成之后才会启动新下载。在爬取规模较小的示例网站时，串行下载尚可应对，但面对大型网站时就会显得捉襟见肘了。在爬取拥有 100 万网页的大型网站时，假设我们以每秒一个网页的速度持续下载，耗时也要超过 11 天。如果我们可以同时下载多个网页，那么下载时间将会得到显著改善。

本章将介绍使用多线程和多进程这两种下载网页的方式，并将它们与串行下载的性能进行比较。

在本章中，我们将会介绍如下主题：

- 100 万个网页；
- 串行爬虫；
- 多线程爬虫；
- 多进程爬虫。

4.1　100 万个网页

想要测试并发下载的性能，最好要有一个大型的目标网站。为此，我们将使用 Alexa 提供的最受欢迎的 100 万个网站列表，该列表的排名根据安装了

Alexa 工具栏的用户得出。尽管只有少数用户使用了这个浏览器插件，其数据并不权威，但它能够为我们提供可以爬取的大列表，对于这个测试来说已经足够好了。

我们可以通过浏览 Alexa 网站获取该数据。此外，我们也可以通过 `http://s3.amazonaws.com/alexa-static/top-1m.csv.zip` 直接下载这一列表的压缩文件，这样就不用再去抓取 Alexa 网站的数据了。

4.1.1 解析 Alexa 列表

Alexa 网站列表是以电子表格的形式提供的，表格中包含两列内容，分别是排名和域名，如图 4.1 所示。

	A	B
1	1	google.com
2	2	facebook.com
3	3	youtube.com
4	4	yahoo.com
5	5	baidu.com
6	6	wikipedia.org
7	7	amazon.com
8	8	twitter.com
9	9	taobao.com
10	10	qq.com

图 4.1

抽取数据包含如下 4 个步骤。

1. 下载 `.zip` 文件。
2. 从 `.zip` 文件中提取出 CSV 文件。
3. 解析 CSV 文件。
4. 遍历 CSV 文件中的每一行，从中抽取出域名数据。

下面是实现上述功能的代码。

```
import csv
from zipfile import ZipFile
```

```python
from io import BytesIO, TextIOWrapper
import requests

resp = requests.get('http://s3.amazonaws.com/alexa-static/top-1m.csv.zip',
stream=True)
urls = [] # top 1 million URL's will be stored in this list
with ZipFile(BytesIO(resp.content)) as zf:
    csv_filename = zf.namelist()[0]
    with zf.open(csv_filename) as csv_file:
    for _, website in csv.reader(TextIOWrapper(csv_file)):
        urls.append('http://' + website)
```

你可能已经注意到,下载得到的压缩数据是在使用BytesIO类封装之后,才传给ZipFile的。这是因为ZipFile需要一个类似文件的接口,而不是原生字节对象。我们还设置了 stream=True,帮助加速请求。接下来,我们从文件名列表中提取出CSV文件的名称。由于这个.zip文件中只包含一个文件,所以我们直接选择第一个文件名即可。然后,使用TextIOWrapper读取CSV文件,它将协助处理编码和读取问题。该文件之后会被遍历,并将第二列中的域名数据添加到URL列表中。为了使URL合法,我们还会在每个域名前添加http://协议。

要想在之前开发的爬虫中复用上述功能,还需将其修改为一个简单的回调类。

```python
class AlexaCallback:
    def __init__(self, max_urls=500):
        self.max_urls = max_urls
        self.seed_url = \
'http://s3.amazonaws.com/alexa-static/top-1m.csv.zip'
        self.urls = []

    def __call__(self):
        resp = requests.get(self.seed_url, stream=True)
        with ZipFile(BytesIO(resp.content)) as zf:
            csv_filename = zf.namelist()[0]
            with zf.open(csv_filename) as csv_file:
                for _, website in csv.reader(TextIOWrapper(csv_file)):
                    self.urls.append('http://' + website)
```

```
            if len(self.urls) == self.max_urls:
                break
```

这里添加了一个新的输入参数 `max_urls`，用于设定从 Alexa 文件中提取的 URL 数量。默认情况下，该值被设置为 500 个 URL，这是因为下载 100 万个网页的耗时过长（正如本章开始时提到的，串行下载需要花费超过 11 天的时间）。

4.2 串行爬虫

现在我们可以对之前开发的链接爬虫进行少量修改，使用 `AlexaCallback` 串行下载 Alexa 的前 500 个 URL。

为了更新链接爬虫，现在需要传入起始 URL 或起始 URL 列表。

```
# In link_crawler function

if isinstance(start_url, list):
    crawl_queue = start_url
else:
    crawl_queue = [start_url]
```

我们还需要更新对每个站点中 `robots.txt` 的处理方式。我们使用一个简单的字典来存储每个域名的解析器（参见本书源码文件中 chp4 文件夹中的 `advanced_link_crawler.py#L53-L72`）。我们还需处理如下情况：我们遇到的 URL 不一定是相对路径，甚至部分是无法访问的 URL，比如包含 `mailto:` 的邮箱地址或包含 `javascript:` 的事件命令。此外，由于一些网站没有 `robots.txt` 文件，或是 URL 的格式存在问题，因此我们添加了一些额外的错误处理代码段以及一个新的变量 `no_robots`，从而可以让我们在无法找到 `robots.txt` 文件时，仍然可以继续爬取。最后，我们添加了 `socket.setdefaulttimeout(60)`，用于为 `robotparser` 以及第 3 章中 `Downloader` 类额外的 `timeout` 参数处理超时。

处理本例的主要代码位于本书源码文件的 chp4 文件夹中,其名为 `advanced_link_crawler.py`。新的爬虫后续可以直接被 `AlexaCallback` 使用,类似如下所示,在命令行中运行。

```
python chp4/advanced_link_crawler.py
...
Total time: 1349.7983705997467s
```

查看运行在文件 `__main__` 区域的代码,可以发现我们使用了 `'$^'` 作为模式,避免收集每个页面的链接。你也可以尝试使用 `'.'` 匹配所有内容,爬取每个页面上的所有链接。(警告:这将花费很长时间,很可能以天计!)

在串行下载时,只爬取第一个页面所花费的时间和预期一致,大约为每个 URL 平均 2.7 秒(包含测试 `robots.txt` 文件的时间)。因为你的网络运营商速度不同,以及你可能是在云服务器上运行脚本,因此你可能会得到速度更快的结果。

4.3 多线程爬虫

现在,我们将串行下载网页的爬虫扩展成并行下载。需要注意的是,如果滥用这一功能,多线程爬虫请求内容速度过快,可能会造成服务器过载,或是 IP 地址被封禁。

为了避免这一问题,我们的爬虫将会设置一个 `delay` 标识,用于设定请求同一域名时的最小时间间隔。

作为本章示例的 Alexa 网站列表,由于包含了 100 万个不同的域名,因而不会出现该问题。但是,当你以后爬取同一域名下的不同网页时,就需要注意两次下载之间至少需要 1 秒钟的延时。

4.4 线程和进程如何工作

图 4.2 所示为一个包含有多个线程的进程的执行过程。

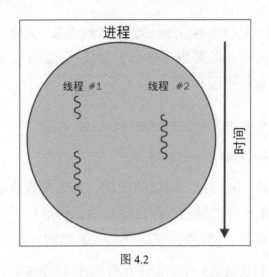

图 4.2

当运行 Python 脚本或其他计算机程序时，就会创建包含有代码、状态以及堆栈的进程。这些进程通过计算机的一个或多个 CPU 核心来执行。不过，同一时刻每个核心只会执行一个线程，然后在不同进程间快速切换，这样就给人以多个程序同时运行的感觉。同理，在一个进程中，程序的执行也是在不同线程间进行切换的，每个线程执行程序的不同部分。

这就意味着当一个线程等待网页下载时，进程可以切换到其他线程执行，避免浪费 CPU 周期。因此，为了充分利用计算机中的所有计算资源尽可能快地下载数据，我们需要将下载分发到多个进程和线程中。

4.4.1 实现多线程爬虫

幸运的是，在 Python 中实现多线程编程相对来说比较简单。我们可以保留与第 1 章开发的链接爬虫类似的队列结构，只是改为在多个线程中启动爬虫循环，从而并行下载这些链接。下面的代码是修改后链接爬虫的起始部分，这里把 `crawl` 循环移到了函数内部。

```
import time
import threading
...
```

```
SLEEP_TIME = 1

def threaded_crawler(..., max_threads=10, scraper_callback=None):
    ...
    def process_queue():
        while crawl_queue:
            ...
```

下面是 `threaded_crawler` 函数的剩余部分,这里在多个线程中启动了 `process_queue`,并等待其完成。

```
    threads = []
    while threads or crawl_queue:
        # the crawl is still active
        for thread in threads:
            if not thread.is_alive():
                # remove the stopped threads
                threads.remove(thread)
        while len(threads) < max_threads and crawl_queue:
            # can start some more threads
            thread = threading.Thread(target=process_queue)
            # set daemon so main thread can exit when receives ctrl-c
            thread.setDaemon(True)
            thread.start()
            threads.append(thread)
        # all threads have been processed # sleep temporarily so CPU can focus execution elsewhere
        for thread in threads:
            thread.join()
        time.sleep(SLEEP_TIME))
```

当有 URL 可爬取时,上面代码中的循环会不断创建线程,直到达到线程池的最大值。在爬取过程中,如果当前队列中没有更多可以爬取的 URL 时,线程会提前停止。假设我们有 2 个线程以及 2 个待下载的 URL。当第一个线程完成下载时,待爬取队列为空,因此该线程退出。第二个线程稍后也完成了下载,但又发现了另一个待下载的 URL。此时 thread 循环注意到还有 URL 需要下载,并且线程数未达到最大值,因此它又会创建一个新的下载线程。

后续我们可能还需要为该多线程爬虫添加解析。为此，我们可以使用返回的 HTML 为函数回调添加一段代码。我们可能希望从该逻辑或抽取中获取更多链接，因此我们还需要在后边的 for 循环中扩展我们解析的链接。

```
html = D(url, num_retries=num_retries)
if not html:
    continue
if scraper_callback:
    links = scraper_callback(url, html) or []
else:
    links = []
# filter for links matching our regular expression
for link in get_links(html) + links:
    ...
```

完整代码可以在本书源码文件中 chp4 文件夹中的 threaded_crawler.py 中查看。要想公平测试，还需要清洗你的 RedisCache，或者使用一个不同的默认数据库。如果你已经安装了 redis-cli，则使用命令行可以很容易地实现该需求。

```
$ redis-cli
127.0.0.1:6379> FLUSHALL
OK
127.0.0.1:6379>
```

如果想要退出，可以使用通用的程序退出方式（通常为 *Ctrl* + *C* 或 *cmd* + *C*）。现在，让我们测试一下该多线程版本链接爬虫的性能，命令如下所示。

```
$ python code/chp4/threaded_crawler.py
...
Total time: 361.50403571128845s
```

当你查看该爬虫的 __main__ 区域时，会注意到你可以很方便地向脚本传递参数，包括 max_threads 和 url_pattern。在前面的例子中，我们使用了默认的 max_threads=5 以及 url_pattern='$^'。

由于我们使用了 5 个线程，因此下载速度几乎是串行版本的 5 倍。同样，你的结果很可能依赖于网络运营商，或是你的脚本运行的服务器。在 4.5 节会对多线程性能进行更进一步的分析。

4.4.2 多进程爬虫

为了进一步改善性能，我们对多线程示例再度扩展，使其支持多进程。目前，爬虫队列都是存储在本地内存当中的，其他进程都无法处理这一爬虫。为了解决该问题，需要把爬虫队列转移到 Redis 当中。单独存储队列，意味着即使是不同服务器上的爬虫也能够协同处理同一个爬虫任务。

如果想要拥有更加健壮的队列，则需要考虑使用专用的分布式任务工具，比如 Celery。不过，为了尽量减少本书中介绍的技术种类和依赖，我们在这里选择复用 Redis。下面是基于 Redis 实现的队列代码。

```
# Based loosely on the Redis Cookbook FIFO Queue:
# http://www.rediscookbook.org/implement_a_fifo_queue.html
from redis import StrictRedis

class RedisQueue:
    """ RedisQueue helps store urls to crawl to Redis
        Initialization components:
        client: a Redis client connected to the key-value database for
                the web crawling cache (if not set, a localhost:6379
                default connection is used).
        db (int): which database to use for Redis
        queue_name (str): name for queue (default: wswp)
    """

    def __init__(self, client=None, db=0, queue_name='wswp'):
        self.client = (StrictRedis(host='localhost', port=6379, db=db)
                       if client is None else client)
        self.name = "queue:%s" % queue_name
        self.seen_set = "seen:%s" % queue_name
        self.depth = "depth:%s" % queue_name
```

```python
    def __len__(self):
        return self.client.llen(self.name)

    def push(self, element):
        """Push an element to the tail of the queue"""
        if isinstance(element, list):
            element = [e for e in element if not self.already_seen(e)]
            self.client.lpush(self.name, *element)
            self.client.sadd(self.seen_set, *element)
        elif not self.client.already_seen(element):
            self.client.lpush(self.name, element)
            self.client.sadd(self.seen_set, element)

    def pop(self):
        """Pop an element from the head of the queue"""
        return self.client.rpop(self.name)

    def already_seen(self, element):
        """ determine if an element has already been seen """
        return self.client.sismember(self.seen_set, element)

    def set_depth(self, element, depth):
        """ Set the seen hash and depth """
        self.client.hset(self.depth, element, depth)

    def get_depth(self, element):
        """ Get the seen hash and depth """
        return self.client.hget(self.depth, element)
```

可以看到在前面的 RedisQueue 类中，我们维护了几个不同的数据类型。首先是预期中的 Redis 列表类型，它可以通过 lpush 和 rpop 命令进行处理，其队列名称存储在 self.name 属性中。

接下来是 Redis 集合，其功能类似于只包含唯一成员的 Python 集合。集合名称存储在 self.seen_set 中，我们可以通过 sadd 和 sismember 方法进行管理（添加新键以及测试成员）。

最后，我们把深度相关的功能移至 set_depth 和 get_depth 方法中，它使用了标准的 Redis 哈希表，其名称存储在 self.depth 中，每个 URL

及其深度分别作为键值。对代码的一个有用的补充是设置域名访问的最后时间，这样我们就可以为 `Downloader` 类实现更有效的延时功能了。这一部分留给读者作为练习。

 如果你希望队列拥有更多功能，但又有着与 Redis 相同的可用性，我推荐你了解 `python-rq`，这是一个易于安装和使用的 Python 任务队列，它与 Celery 类似，但其功能和依赖更少。

继续当前的 `RedisQueue` 实现，我们需要对多线程爬虫进行少量更新，以支持新的队列类型，如下所示。

```python
def threaded_crawler_rq(...):
    ...
    # the queue of URL's that still need to be crawled
    crawl_queue = RedisQueue()
    crawl_queue.push(seed_url)

    def process_queue():
        while len(crawl_queue):
            url = crawl_queue.pop()
            ...
```

第一个改动是将 Python 列表替换成基于 Redis 的新队列，这里将其命名为 `RedisQueue`。由于该队列会在内部实现中处理重复 URL 的问题，因此不再需要 `seen` 变量。最后，调用 `RedisQueue` 的 `len` 方法，确定是否仍然有 URL 在队列中。处理深度和发现功能的进一步逻辑变更如下所示。

```python
## inside process_queue
if no_robots or rp.can_fetch(user_agent, url):
    depth = crawl_queue.get_depth(url) or 0
    if depth == max_depth:
        print('Skipping %s due to depth' % url)
        continue
    html = D(url, num_retries=num_retries)
    if not html:
        continue
    if scraper_callback:
```

```
            links = scraper_callback(url, html) or []
        else:
            links = []
        # filter for links matching our regular expression
        for link in get_links(html, link_regex) + links:
            if 'http' not in link:
                link = clean_link(url, domain, link)
            crawl_queue.push(link)
            crawl_queue.set_depth(link, depth + 1)
```

完整代码请参见本书源码文件的 chp4 文件夹中的 threaded_crawler_with_queue.py。

更新后的多线程爬虫还可以启动多个进程,如下面的代码所示。

```
import multiprocessing
def mp_threaded_crawler(args, **kwargs):
    num_procs = kwargs.pop('num_procs')
    if not num_procs:
        num_cpus = multiprocessing.cpu_count()
    processes = []
    for i in range(num_procs):
        proc = multiprocessing.Process(
            target=threaded_crawler_rq, args=args,
            kwargs=kwargs)
        proc.start()
        processes.append(proc)
    # wait for processes to complete
    for proc in processes:
        proc.join()
```

这段代码的结构看起来十分熟悉,因为多进程模块和之前使用的多线程模块接口相似。这段代码在启动脚本时,使用可用 CPU 的数量(我的机器上是8),或通过参数传入的 num_procs。然后,每个处理器启动一个多线程爬虫,并等待所有处理器完成执行。

现在,让我们使用如下命令,测试多进程版本链接爬虫的性能。关于 mp_threaded_crawler 的代码可以从本书源码文件的 chp4 文件夹中的 threaded_crawler_aith_queue.py 获取。

```
$ python threaded_crawler_with_queue.py
...
Total time: 197.0864086151123s
```

通过脚本检测，我的机器有 8 个 CPU（4 个物理核心、4 个虚拟核心），而线程的默认设置是 5。如果想使用不同的组合，可以使用 -h 命令查看想要的参数，如下所示。

```
$ python threaded_crawler_with_queue.py -h
usage: threaded_crawler_with_queue.py [-h]
 [max_threads] [num_procs] [url_pattern]

Multiprocessing threaded link crawler

positional arguments:
 max_threads maximum number of threads
 num_procs number of processes
 url_pattern regex pattern for url matching

optional arguments:
 -h, --help show this help message and exit
```

 -h 命令同样也适用于测试 threaded_crawler.py 脚本的不同值。

在默认的 8 个处理器以及每个处理器 5 个线程的设置下，运行时间比之前只使用一个进程的多线程爬虫快了大约 80%。在下一节中，我们将进一步研究这三种方式的相对性能。

4.5 性能

为了进一步了解增加线程和进程的数量会如何影响下载时间，我们对爬取 500 个网页时的结果进行了对比，如表 4.1 所示。

表 4.1

脚本	线程数	进程数	时间	相对串行的时间比	是否出现错误?
串行	1	1	1349.798s	1	否
多线程	5	1	361.504s	3.73	否
多线程	10	1	275.492s	4.9	否
多线程	20	1	298.168s	4.53	是
多进程	2	2	726.899s	1.86	否
多进程	2	4	559.93s	2.41	否
多进程	2	8	451.772s	2.99	是
多进程	5	2	383.438s	3.52	否
多进程	5	4	156.389s	8.63	是
多进程	5	8	296.610s	4.55	是

表格的第 5 列给出的是相对于串行下载的时间比。可以看出，性能的增长与线程和进程的数量并不是成线性比例的，而是趋于对数，也就是说添加过多线程后反而会降低性能。比如，使用 1 个进程 5 个线程时，性能大约为串行时的 4 倍，使用 10 个线程时性能只达到了串行下载时的 5 倍，而使用 20 个线程时实际上还降低了性能。

根据系统的不同，性能的增加和损失可能会有所不同；不过，众所周知的是每个额外的线程都有助于加速执行，但其效果低于之前添加的线程（也就是说这不是一个线性加速的过程）。这是可以预见到的现象，因为此时进程需要在更多线程之间进行切换，专门用于每一个线程的时间就会变少。

此外，下载的带宽是有限的，因此最终添加新线程将无法带来更快的下载速度。当你自己运行该代码时，可能会注意到错误（比如 urlopen error [Errno 101] Network is unreachable）会贯穿整个测试过程，尤其是当你使用大量线程或进程时。这显示不是理想状态，你会比选择更少的线程数时遇到更频繁的下载错误。当然，如果你在分布式或云服务器环境中运行它，网络限制则会有所不同。表 4.1 最后一列跟踪了我在测试时遇到的错误情况，我所使用的环境是普通运营商网络连接的单台笔记本电脑。

你得到的结果可能会不同，而且该表是根据笔记本电脑而不是服务器（带宽更好、后台进程更少）来创建的，因此我要求你为自己的计算机和/或服务器创建一个类似的表格。一旦你发现了自己机器的极限，又想获得更好的性能，就需要在多台服务器上分布式部署爬虫，并且所有服务器都要指向同一个 Redis 队列实例。

4.5.1　Python 多进程与 GIL

要对 Python 线程和进程进行长期的性能检查，首先必须要了解全局解释器锁（GIL）。GIL 是 Python 解释器使用的一种机制，同一时间只会有一个线程执行代码，也就意味着 Python 代码是线性执行的(即使使用多进程和多核)。该设计决定了 Python 可以运行得很快，但又是线程安全的。

> 如果你还没有看过 PyCon 2010 中 David Beazley 关于 GIL 理解的演讲，我推荐你看一下。Beazley 还在他的博客上有很多文章，并且在 GILectomy（试图从 Python 中移除 GIL 以实现快速的多进程）上有一些有趣的发言。

GIL 在高 I/O 操作上增加了额外的性能负担，比如网络爬虫。有一些方式可以利用 Python 的多进程库更好地达到跨进程和线程的数据共享。

我们可以把爬虫写成一个带有工作池或队列的映射，来对比 Python 自身的多进程内部处理与基于 Redis 的系统。我们也可以使用异步编程，增强线程性能，提高网络利用率。类似 async、tornado 甚至 NodeJS 的异步库，可以让程序以非阻塞的方式执行，这就意味着进程可以在等待网络服务器响应时切换到不同的线程。这些实现方式很可能会比我们的用例速度更快。

另外，我们还可以使用类似 PyPy 的项目，帮助提升多线程和多进程的速度。也就是说，在实现优化之前，你需要测量性能并评估需求（不要过早优化）。时刻询问自己速度是否比清晰度更重要，直觉是否比实际观察更正确，这是一个很好的规则。请谨记 Python 之禅，然后继续前行吧！

4.6 本章小结

本章中，我们介绍了串行下载存在性能瓶颈的原因，给出了通过多线程和多进程高效下载大量网页的方法，并对比了什么时候优化或增加线程和进程可能是有用的，什么时候又是有害的。我们还实现了一个新的 Redis 队列，并且使用它实现跨机器或进程的处理。

下一章中，我们将介绍如何抓取使用 JavaScript 动态加载内容的网页。

第 5 章
动态内容

根据联合国 2006 年的一项研究,73%的主流网站都在其重要功能中依赖 JavaScript。诸如 React、AngularJS、Ember、Node 等使用 JavaScript 的模型-视图-控制器(MVC)框架的增长与流行,更加提高了 JavaScript 作为网页内容主流引擎的重要性。

和单页面应用的简单表单事件不同,使用 JavaScript 时,不再是加载后立即下载页面全部内容。这种架构会造成许多网页在浏览器中展示的内容可能不会出现在 HTML 源代码中,我们在前面介绍的抓取技术也就无法抽取网站的重要信息了。

对于这种动态的 JavaScript 网站,本章将会介绍两种抓取其数据的方法,分别是:

- JavaScript 逆向工程;
- 渲染 JavaScript。

5.1 动态网页示例

让我们来看一个动态网页的例子。示例网站有一个搜索表单,可以通过 http://example.python-scraping.com/search 进行访问,该页面

第 5 章 动态内容

用于查询国家（或地区）。比如说，我们想要查找所有起始字母为 A 的国家（或地区），其搜索结果页面如图 5.1 所示。

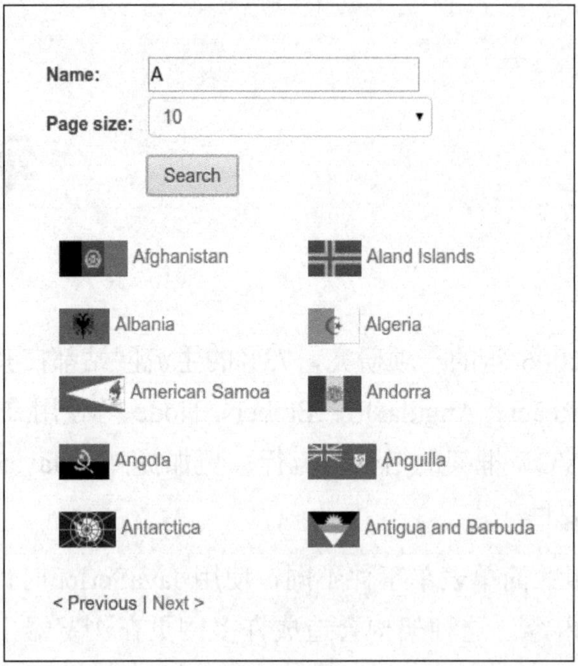

图 5.1

如果我们右键单击结果部分，使用浏览器工具查看元素（参见第 2 章），可以发现结果被存储在 ID 为 "result" 的 div 元素之中，如图 5.2 所示。

让我们尝试使用 lxml 模块抽取这些结果，这里用到的知识在第 2 章和第 3 章的 Downloader 类中都已经介绍过了。

```
>>> from lxml.html import fromstring
>>> from downloader import Downloader
>>> D = Downloader()
>>> html = D('http://example.python-scraping.com/search')
>>> tree = fromstring(html)
>>> tree.cssselect('div#results a')
[]
```

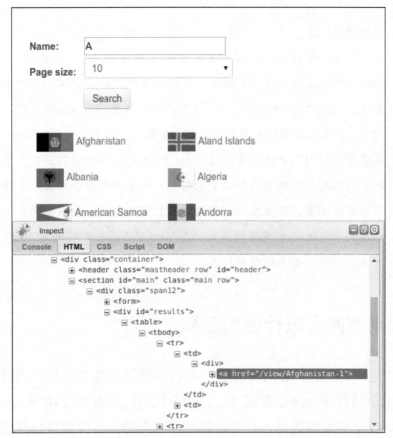

图 5.2

这个示例爬虫在抽取结果时失败了。检查网页源代码(通过使用鼠标右键单击 View Page Source 选项,而不是使用浏览器工具)可以帮助我们了解抽取操作为什么会失败。在源代码中,可以发现我们准备抓取的 div 元素实际上是空的,如下所示。

```
<div id="results">
</div>
```

而浏览器工具显示给我们的却是网页的当前状态,在本例中就是使用 JavaScript 动态加载完搜索结果之后的网页。下一节中,我们将使用浏览器工具的另一个功能来了解这些结果是如何加载的。

第 5 章 动态内容

什么是 AJAX

AJAX 指异步 JavaScript 和 XML（Asynchronous JavaScript and XML），于 2005 年引入，描述了一种跨浏览器动态生成 Web 应用内容的功能。更重要的是，XMLHttpRequest——这个最初微软为 ActiveX 实现的 JavaScript 对象，目前已经得到大多数浏览器的支持。该技术允许 JavaScript 创建到远程服务器的 HTTP 请求并获得响应，也就是说 Web 应用可以传输和接收数据。而以前客户端与服务端交互的方式则是刷新整个网页，这种方式的用户体验比较差，并且在只需传输少量数据时会造成带宽浪费。

Google 的 Gmail 和地图站点是动态 Web 应用的早期实验者，也对 AJAX 成为主流起到了重要的帮助作用。

5.2 对动态网页进行逆向工程

到目前为止，我们抓取网页数据使用的都是第 2 章中介绍的方法。该方法在本章的示例网页中无法正常运行，因为该网页中的数据是使用 JavaScript 动态加载的。要想抓取该数据，我们需要了解网页是如何加载该数据的，该过程也可以描述为逆向工程。继续上一节的例子，在浏览器工具中单击 **Network** 选项卡，然后执行一次搜索，我们将会看到对于给定页面的所有请求。

请求太多了！当我们滚动这些请求时，可以看到请求主要都是图片（加载的旗帜），然后我们会发现一个有意思的名字：`search.json`，其路径为 `/ajax`，如图 5.3 所示。

如果我们使用 Chrome 点击该 URL，可以看到更多细节（所有主流浏览器都有类似功能，因此即使你看到的外观可能有所不同，但主要的功能是相似的）。当我们点击感兴趣的 URL 时，可以看到更多细节，包括以解析形式向我们展示响应的预览。

这里与 Elements 选项卡中的 Inspect Element 视图类似，我们可以使用箭

5.2 对动态网页进行逆向工程

头展开预览，此时可以看到结果中的每个国家（或地区）都包含在 JSON 格式中，如图 5.4 所示。

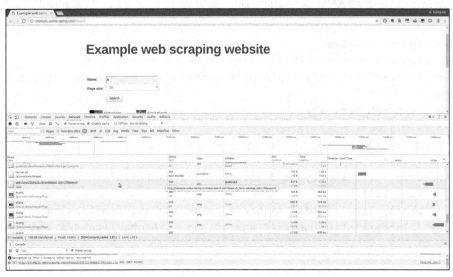

图 5.3

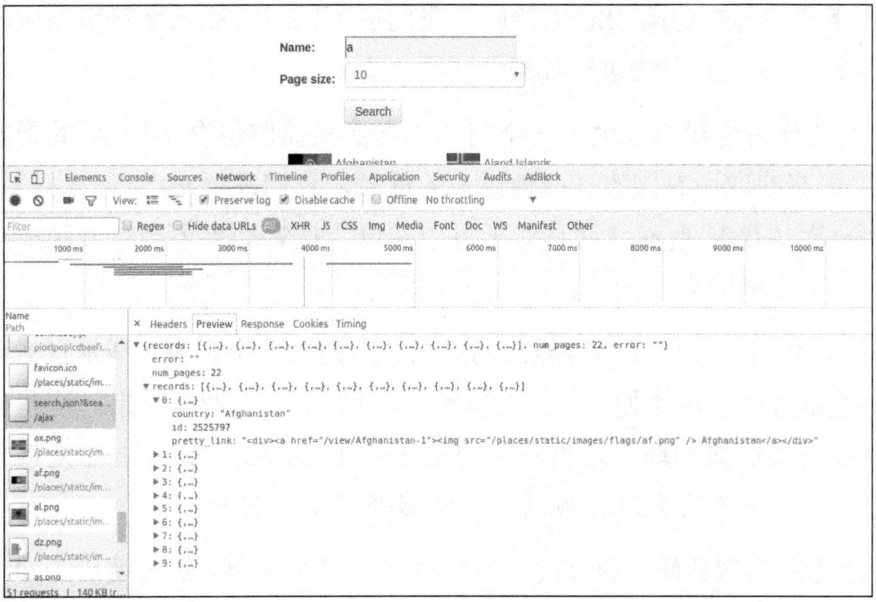

图 5.4

我们也可以通过右键单击的方式直接在新标签页中打开该 URL。当你这样操作时，会发现它就是一个简单的 JSON 响应。这个 AJAX 数据不仅可以在 Network 选项卡或浏览器中访问到，也可以直接下载，如下面的代码所示。

```
>>> import requests
>>> resp =
requests.get('http://example.python-scraping.com/ajax/search.json?page
=0&page_s
ize=10&search_term=a')
>>> resp.json()
{'error': '',
 'num_pages': 21,
 'records': [{'country_or_district': 'Afghanistan',
    'id': 1261,
    'pretty_link': '<div><a href="/view/Afghanistan-1"><img src="/places/static/images/flags/af.png" />Afghanistan</a></div>'},
   ...]
}
```

从前面的代码中可以看出，`requests` 库可以让我们通过 `json` 方法，以 Python 字典的形式访问 JSON 响应。我们也可以下载原始字符串响应，然后使用 `json.loads` 方法进行加载。

我们的代码为我们提供了一个简单的方法来抓取包含字母 A 的国家（或地区）。要想获取所有国家（或地区）的信息，我们需要对字母表中的每个字母调用一次 AJAX 搜索。而且对于每个字母，搜索结果还会被分割成多个页面，实际页数和请求时的 `page_size` 相关。

不过，我们不能保存所有返回的结果，因为同一个国家（或地区）可能会在多次搜索时返回，比如 Fiji 会匹配 f、i、j 三次搜索结果。这些重复的搜索结果需要过滤处理，这里采用的方法是在写入文本文件之前先将结果存储到集合中，因为集合这种数据类型能够确保元素唯一。

下面是其实现代码，通过搜索字母表中的每个字母，然后遍历 JSON 响应的结果页面，来抓取所有国家（或地区）信息。其产生的结果将会存储在简单的文本文件当中。

```python
import requests
import string

PAGE_SIZE = 10

template_url = 'http://example.python-scraping.com/ajax/' + \
    'search.json?page={}&page_size={}&search_term={}'

countries_or_districts = set()

for letter in string.ascii_lowercase:
    print('Searching with %s' % letter)
    page = 0
    while True:
        resp = requests.get(template_url.format(page, PAGE_SIZE, letter))
        data = resp.json()
        print('adding %d more records from page %d' %
              (len(data.get('records')), page))
        for record in data.get('records'):
            countries.add(record['country_or_district'])
        page += 1
        if page >= data['num_pages']:
            break

with open('../data/countries_or_districts.txt', 'w') as countries_or_districts_file:
    countries_or_districts_file.write('n'.join(sorted(countries_or_districts)))
```

当你运行该代码时，将会看到不断前行的输出。

```
$ python chp5/json_scraper.py
Searching with a
adding 10 more records from page 0
adding 10 more records from page 1
...
```

当脚本执行完成时，相对目录 ../data/ 下的 countries_or_districts.txt 文件中，将会显示一个排序的国家（或地区）名称列表。你可能还会注意到，页面长度可以使用全局变量 PAGE_SIZE 设置。你可能需要尝试修改它，以增加或减少请求数。

该 AJAX 爬虫提供的抽取国家（或地区）信息的方法，比第 2 章中介绍的传统的逐页抓取方式更简单。这其实是一个日常经验：依赖于 AJAX 的网站虽然乍看起来更加复杂，但是其结构促使数据和表现层分离，因此我们在抽取数据时会更加容易。如果你发现一个网站拥有类似该示例站点的开放应用编程接口（API），那么你就可以只抓取其 API，而无须再使用 CSS 选择器和 XPath 加载 HTML 中的数据了。

5.2.1 边界情况

前面的 AJAX 搜索脚本非常简单，不过我们还可以利用一些可能的边界情况使其进一步简化。目前，我们是针对每个字母执行查询操作的，也就是说我们需要执行 26 次单独的查询，并且这些查询结果又有很多重复。理想情况下，我们可以使用一次搜索查询就能匹配所有结果。接下来，我们将尝试使用不同字符来测试这种想法是否可行。如果将搜索条件置为空，其结果如下。

```
>>> url = 
'http://example.python-scraping.com/ajax/search.json?page=0&page_size=10&search_term='
>>> requests.get(url).json()['num_pages']
0
```

很不幸，这种方法并没有奏效，我们没有得到返回结果。下面我们再来尝试'*'是否能够匹配所有结果。

```
>>> requests.get(url + '*').json()['num_pages']
0
```

依然没有奏效。接下来我们再尝试一下'.'，这是正则表达式里用于匹配所有字符的元字符。

```
>>> requests.get(url + '.').json()['num_pages']
26
```

太好了！服务端肯定是通过正则表达式进行匹配的。因此，我们现在可以把依次搜索每个字符替换成只对点号搜索一次了。

此外，我们还可以在 AJAX 的 URL 中使用 page_size 这个查询字符串的值设置页面大小。网站搜索界面中包含 4、10、20 这几种选项，其中默认值为 10。因此，提高每个页面的显示数量到最大值，可以使下载次数减半。

```
>>> url =
'http://example.python-scraping.com/ajax/search.json?page=0&page_size=20&search_term=.'
>>> requests.get(url).json()['num_pages']
13
```

那么，要是使用比网页界面选择框支持的每页国家（或地区）数更高的数值又会怎样呢？

```
>>> url =
'http://example.python-scraping.com/ajax/search.json?page=0&page_size=1000&search_term=.'
>>> requests.get(url).json()['num_pages']
1
```

显然，服务端并没有检查该参数是否与界面允许的选项值相匹配，而是直接在一个页面中返回了所有结果。许多 Web 应用不会在 AJAX 后端检查这一参数，因为它们认为所有 API 请求只会来自 Web 界面。

现在，我们手工修改了这个 URL，使其能够在一次请求中下载得到所有国家（或地区）的数据。下面是更新后进一步简化的实现，在该实现中数据将被保存到 CSV 文件当中。

```
from csv import DictWriter
import requests

PAGE_SIZE = 1000

template_url = 'http://example.python-scraping.com/ajax/' +
```

```
    'search.json?page=0&page_size={}&search_term=.'
resp = requests.get(template_url.format(PAGE_SIZE))
data = resp.json()
records = data.get('records')
with open('../data/countries_or_districts.csv', 'w') as countries_or_districts_file:
    wrtr = DictWriter(countries_or_districts_file, fieldnames=records[0].keys())
    wrtr.writeheader()
    wrtr.writerows(records)
```

5.3 渲染动态网页

对于搜索网页这个例子，我们能够快速地对 API 的方法进行逆向工程来了解它如何工作，以及如何使用它在一个请求中获取结果。但是，一些网站非常复杂，即使使用高级的浏览器工具也很难理解。比如，一个网站使用 **Google Web Toolkit（GWT）** 开发，那么它产生的 JavaScript 代码是机器生成的压缩版。生成的 JavaScript 代码虽然可以使用类似 `JS beautifier` 的工具进行还原，但是其产生的结果过于冗长，而且原始的变量名也已经丢失，这就使其难以理解，难以实施逆向工程。

此外，更高级的框架（比如 `React.js` 以及其他基于 `Node.js` 的工具）可以进一步抽象已经很复杂的 JavaScript 逻辑，混淆数据和变量名称，并添加更多的 API 请求安全层（使用 cookie、浏览器会话以及时间戳，或使用其他防爬技术）。

尽管经过足够的努力，任何网站都可以被逆向工程，不过我们可以使用浏览器渲染引擎避免这些工作，这种渲染引擎是浏览器在显示网页时解析 HTML、应用 CSS 样式并执行 JavaScript 语句的部分。在本节中，我们将使用 WebKit 渲染引擎，通过 Qt 框架可以获得该引擎的一个便捷 Python 接口。

> **什么是 WebKit?**
>
> WebKit 的代码源于 1998 年的 KHTML 项目，当时它是 Konqueror 浏览器的渲染引擎。2001 年，苹果公司将该代码衍生为 WebKit，并应用于 Safari

浏览器。Google 在 Chrome 27 之前的版本也使用了 WebKit 内核，直到 2013 年转向利用 WebKit 开发的 Blink 内核。Opera 在 2003 年到 2012 年间使用的是其内部的 Presto 渲染引擎，之后切换到 WebKit，但是不久又跟随 Chrome 转向 Blink。其他主流渲染引擎还包括 IE 使用的 Trident 和 Firefox 的 Gecko。

5.3.1 PyQt 还是 PySide

Qt 框架有两种可以使用的 Python 库，分别是 `PyQt` 和 `PySide`。PyQt 最初于 1998 年发布，但在用于商业项目时需要购买许可。由于该原因，开发 Qt 的公司（原先是诺基亚，现在是 Digia）后来在 2009 年开发了另一个 Python 库 `PySide`，并且使用了更加宽松的 LGPL 许可。

虽然这两个库有少许区别，但是本章中的例子在两个库中都能够正常工作。下面的代码片段用于导入已安装的任何一种 Qt 库。

```
try:
    from PySide.QtGui import *
    from PySide.QtCore import *
    from PySide.QtWebKit import *
except ImportError:
    from PyQt4.QtGui import *
    from PyQt4.QtCore import *
    from PyQt4.QtWebKit import *
```

在这段代码中，如果 `PySide` 不可用，则会抛出 `ImportError` 异常，然后导入 `PyQt` 模块。如果 `PyQt` 模块也不可用，则会抛出另一个 `ImportError` 异常，然后退出脚本。

> 下载和安装这两种 Qt 库 Python 版本的说明可以分别参考网上的相应介绍。对于你正在使用的 Python 3 的版本，可能存在没有对应库的情况，不过其发布很频繁，因此你可以经常回来查看一下。

1. 使用 Qt 进行调试

无论你使用的是 PySide 还是 PyQt，可能都会遇到需要调试应用或脚本的网站。我们已经介绍了一种方式可以实现该目的，就是通过使用 QWebView 这个 GUI 的 `show()` 方法来"查看"你加载的页面上渲染了什么。你也可以使用 `page().mainFrame().toHtml()` 链（在任何时刻使用 BrowserRender 类通过 `html` 方法拉取 HTML 时均可以很容易地引用），将其写入文件中保存下来，然后在浏览器中打开。

此外，还有一些有用的 Python 调试器，比如 `pdb`，你可以将它集成到脚本中，然后使用断点单步执行可能存在错误、问题或 bug 的代码。针对不同库和你安装的 Qt 版本的不同，有一些不同的设置方式，因此我们建议搜索你的确切设置，并复查实现，以允许设置断点或跟踪。

5.3.2 执行 JavaScript

为了确认你安装的 WebKit 能够执行 JavaScript，我们可以使用位于 `http://example.python-scraping.com/dynamic` 上的这个简单示例。

该网页只是使用 JavaScript 在 `div` 元素中写入了 Hello World。下面是其源代码。

```html
<html>
    <body>
        <div id="result"></div>
        <script>
        document.getElementById("result").innerText = 'Hello World';
        </script>
    </body>
</html>
```

使用传统方法下载原始 HTML 并解析结果时，得到的 `div` 元素为空值，如下所示。

```
>>> import lxml.html
```

5.3 渲染动态网页

```
>>> from chp3.downloader import Downloader
>>> D = Downloader()
>>> url = 'http://example.python-scraping.com/dynamic'
>>> html = D(url)
>>> tree = lxml.html.fromstring(html)
>>> tree.cssselect('#result')[0].text_content()
''
```

下面是使用 WebKit 的初始版本代码,当然还需事先导入上一节中提到的 `PyQt` 或 `PySide` 模块。

```
>>> app = QApplication([])
>>> webview = QWebView()
>>> loop = QEventLoop()
>>> webview.loadFinished.connect(loop.quit)
>>> webview.load(QUrl(url))
>>> loop.exec_()
>>> html = webview.page().mainFrame().toHtml()
>>> tree = lxml.html.fromstring(html)
>>> tree.cssselect('#result')[0].text_content()
'Hello World'
```

因为这里有很多新知识,所以下面我们会逐行分析这段代码。

- 第一行初始化了 `QApplication` 对象,在其他 Qt 对象可以初始化之前,需要先有 Qt 框架。

- 接下来,创建 `QWebView` 对象,该对象是 Web 文档的构件。

- 创建 `QEventLoop` 对象,该对象用于创建本地事件循环。

- `QWebView` 对象的 `loadFinished` 回调链接了 `QEventLoop` 的 `quit` 方法,从而可以在网页加载完成之后停止事件循环。然后,再将要加载的 URL 传给 `QWebView`。

- `PyQt` 需要将该 URL 字符串封装到 `QUrl` 对象当中,而对于 `PySide` 来说则是可选项。

- 由于 `QWebView` 是异步加载的,因此执行过程会在网页加载时立即

- 传入下一行。但我们又希望等待网页加载完成，因此需要在事件循环启动时调用 `loop.exec_()`。
- 网页加载完成后，事件循环退出，代码执行继续，对加载得到网页所产生的 HTML 使用 `toHTML` 方法执行抽取。
- 从最后一行可以看出，我们成功执行了该 JavaScript，div 元素抽取出了 `Hello World`。

这里使用的类和方法在 C++的 Qt 框架网站中都有详细的文档，读者可自行参考。虽然 `PyQt` 和 `PySide` 都有其自身的文档，但是原始 C++版本的描述和格式更加详尽，一般的 Python 开发者可以用它替代。

5.3.3 使用 WebKit 与网站交互

我们用于测试的搜索网页需要用户修改后提交搜索表单，然后单击页面链接。而前面介绍的浏览器渲染引擎只能执行 JavaScript，然后访问生成的 HTML。要想抓取搜索页面，我们还需要对浏览器渲染引擎进行扩展，使其支持交互功能。幸运的是，Qt 包含了一个非常棒的 API，可以选择和操纵 HTML 元素，使实现变得简单。

对于之前的 AJAX 搜索示例，下面给出另一个实现版本，该版本已经将搜索条件设为`'.'`，每页显示数量设为`'1000'`，这样只需一次请求就能获取到全部结果。

```
app = QApplication([])
webview = QWebView()
loop = QEventLoop()
webview.loadFinished.connect(loop.quit)
webview.load(QUrl('http://example.python-scraping.com/search'))
loop.exec_()
webview.show()
frame = webview.page().mainFrame()
frame.findFirstElement('#search_term').\
    setAttribute('value', '.')
frame.findFirstElement('#page_size option:checked').
```

```
        setPlainText('1000')
frame.findFirstElement('#search').
        evaluateJavaScript('this.click()')
app.exec_()
```

最开始几行和之前的 Hello World 示例一样,初始化了一些用于渲染网页的 Qt 对象。之后,调用 QWebView GUI 的 show() 方法来显示渲染窗口,这样可以方便调试。然后,创建了一个指代框架的变量,可以让后面几行代码更短。

QWebFrame 类有很多与网页交互的有用方法。包含 findFirstElement 的 3 行使用 CSS 选择器在框架中定位元素,然后设置搜索参数。而后表单使用 evaluateJavaScript() 方法进行提交,模拟点击事件。该方法非常实用,因为它允许我们插入并执行任何我们提交的 JavaScript 代码,包括直接调用网页中定义的 JavaScript 方法。最后一行进入应用的事件循环,此时我们可以对表单操作进行复查。如果没有使用该方法,脚本将会直接退出。

图 5.5 所示为脚本运行时的显示界面。

图 5.5

代码最后一行中，我们运行了 app._exec()，它是一个阻塞调用，可以防止任何其他代码行在该线程中执行。通过使用 webkit.show() 查看你的代码如何运转，是调试应用以及确定网页上实际发生了什么的很好的方式。

如果想要停止应用运行，只需关闭 Qt 窗口（或 Python 解释器）即可。

1. 等待结果

实现 WebKit 爬虫的最后一部分是抓取搜索结果，而这又是最难的一部分，因为我们难以预估完成 AJAX 事件以及国家（或地区）数据加载完成的时间。有三种方法可以处理该难题，分别是：

- 等待一定时间，期望 AJAX 事件能够在此之前完成；
- 重写 Qt 的网络管理器，跟踪 URL 请求的完成时间；
- 轮询网页，等待特定内容出现。

第一种方案最容易实现，不过效率也最低，因为一旦设置了安全的超时时间，就会使脚本花费过多时间等待。而且，当网络速度比平常慢时，固定的超时时间会出现请求失败的情况。第二种方案虽然更加高效，但如果是客户端延时，则无法使用。比如，已经完成下载，但是需要再单击一个按钮才会显示内容这种情况，延时就出现在客户端。第三种方案尽管存在一个小缺点，即会在检查内容是否加载完成时浪费 CPU 周期，但是该方案更加可靠且易于实现。下面是使用第三种方案的实现代码。

```
>>> elements = None
>>> while not elements:
...     app.processEvents()
...     elements = frame.findAllElements('#results a')
...
>>> countries = [e.toPlainText().strip() for e in elements]
>>> print(countries_or_districts)
['Afghanistan', 'Aland Islands', ... , 'Zambia', 'Zimbabwe']
```

如上实现中，代码将停留在 while 循环中，直到国家（或地区）链接出现在 results 这个 div 元素中。每次循环，都会调用 app.processEvents()，用于给 Qt 事件循环执行任务的时间，比如响应点击事件和更新 GUI。我们还可以在该循环中添加一个短时间的 sleep，以便 CPU 间歇休息。

本示例的完整代码位于本书源码文件的 chp5 文件夹中，其名为 pyqt_search.py。

5.4 渲染类

为了提升这些功能后续的易用性，下面会把使用到的方法封装到一个类中，其源代码可以从本书源码文件的 chp5 文件夹中找到，其名为 browser_render.py。

```python
import time

class BrowserRender(QWebView):
    def __init__(self, show=True):
        self.app = QApplication(sys.argv)
        QWebView.__init__(self)
        if show:
            self.show() # show the browser

    def download(self, url, timeout=60):
        """Wait for download to complete and return result"""
        loop = QEventLoop()
        timer = QTimer()
        timer.setSingleShot(True)
        timer.timeout.connect(loop.quit)
        self.loadFinished.connect(loop.quit)
        self.load(QUrl(url))
        timer.start(timeout * 1000)
        loop.exec_() # delay here until download finished
        if timer.isActive():
            # downloaded successfully
            timer.stop()
```

```python
            return self.html()
        else:
            # timed out
            print 'Request timed out: ' + url

    def html(self):
        """Shortcut to return the current HTML"""
        return self.page().mainFrame().toHtml()

    def find(self, pattern):
        """Find all elements that match the pattern"""
        return self.page().mainFrame().findAllElements(pattern)

    def attr(self, pattern, name, value):
        """Set attribute for matching elements"""
        for e in self.find(pattern):
            e.setAttribute(name, value)

    def text(self, pattern, value):
    """Set attribute for matching elements"""
        for e in self.find(pattern):
            e.setPlainText(value)

    def click(self, pattern):
        """Click matching elements"""
        for e in self.find(pattern):
            e.evaluateJavaScript("this.click()")

    def wait_load(self, pattern, timeout=60):
        """Wait until pattern is found and return matches"""
        deadline = time.time() + timeout
        while time.time() < deadline:
            self.app.processEvents()
            matches = self.find(pattern)
            if matches:
                return matches
        print('Wait load timed out')
```

你可能已经注意到，在 `download()` 和 `wait_load()` 方法中增加了一些代码用于处理定时器。定时器用于跟踪等待时间，并在截止时间到达时取消事件循环。否则，当出现网络问题时，事件循环就会无休止地运行下去。

下面是使用这个新实现的类抓取搜索页面的代码。

```
>>> br = BrowserRender()
>>> br.download('http://example.python-scraping.com/search')
>>> br.attr('#search_term', 'value', '.')
>>> br.text('#page_size option:checked', '1000')
>>> br.click('#search')
>>> elements = br.wait_load('#results a')
>>> countries_or_districts = [e.toPlainText().strip() for e in elements]
>>> print countries_or_districts
['Afghanistan', 'Aland Islands', ... , 'Zambia', 'Zimbabwe']
```

5.4.1　Selenium

使用前面小节中的 WebKit 库，我们可以自定义浏览器渲染引擎，这样就能完全控制想要执行的行为。如果不需要这么高的灵活性，那么还有一个不错的更容易安装的替代品 Selenium 可以选择，它提供的 API 接口可以自动化处理多个常见浏览器。Selenium 可以通过如下命令使用 pip 安装。

```
pip install selenium
```

为了演示 Selenium 是如何运行的，我们会把之前的搜索示例重写成 Selenium 的版本。首先，创建一个到浏览器的连接。

```
>>> from selenium import webdriver
>>> driver = webdriver.Firefox()
```

当该命令运行时，会弹出一个空的浏览器窗口。不过如果你得到了错误信息，则可能需要安装 geckodriver（https://github.com/mozilla/geckodriver/releases），并确保它在你的 PATH 变量中可用。

使用浏览器可以看到页面并进行交互（而不是 Qt 组件），这个功能非常方便，因为在执行每条命令时，都可以通过浏览器窗口来检查脚本是否依照预期运行。尽管这里我们使用的浏览器是 Firefox，不过 Selenium 也提供了连接其他常见浏览器的接口，比如 Chrome 和 IE。需要注意的是，我们只能使用系统中已安装浏览器的 Selenium 接口。

 如果你想了解 Selenium 是否支持你系统中的浏览器,以及你可能需要安装的其他依赖或驱动,请查阅 Selenium 文档中关于支持平台的介绍。

如果想在选定的浏览器中加载网页,可以调用 get() 方法。

```
>>> driver.get('http://example.python-scraping.com/search')
```

然后,设置需要选取的元素,这里使用的是搜索文本框的 ID。此外,Selenium 也支持使用 CSS 选择器或 XPath 来选取元素。当找到搜索文本框之后,我们可以通过 send_keys() 方法输入内容,模拟键盘输入。

```
>>> driver.find_element_by_id('search_term').send_keys('.')
```

为了让所有结果可以在一次搜索后全部返回,我们希望把每页显示的数量设置为 1000。但是,由于 Selenium 的设计初衷是与浏览器交互,而不是修改网页内容,因此这种想法并不容易实现。要想绕过这一限制,我们可以使用 JavaScript 语句直接设置选项框的内容。

```
>>> js = "document.getElementById('page_size').options[1].text = '1000';"
>>> driver.execute_script(js)
```

此时表单内容已经输入完毕,下面就可以单击搜索按钮执行搜索了。

```
>>> driver.find_element_by_id('search').click()
```

我们需要等待 AJAX 请求完成之后才能加载结果,在之前讲解的 WebKit 实现中这里是最难的一部分脚本。不过幸运的是,Selenium 为该问题提供了一个简单的解决方法,那就是可以通过 implicitly_wait() 方法设置超时时间。

```
>>> driver.implicitly_wait(30)
```

此处,我们设置了 30 秒的延时。如果我们要查找的元素没有出现,Selenium 至多等待 30 秒,然后就会抛出异常。Selenium 还允许使用显式等待进行更详细的轮询控制。

要想选取国家（或地区）链接，我们依然可以使用 WebKit 示例中用过的那个 CSS 选择器。

```
>>> links = driver.find_elements_by_css_selector('#results a')
```

然后，抽取每个链接的文本，并创建一个国家（或地区）列表。

```
>>> countries_or_districts = [link.text for link in links]
>>> print(countries_or_districts)
['Afghanistan', 'Aland Islands', ... , 'Zambia', 'Zimbabwe']
```

最后，调用 `close()` 方法关闭浏览器。

```
>>> driver.close()
```

本示例的源代码位于本书源码文件的 `chp5` 文件夹中，其名为 `selenium_search.py`。如果想进一步了解 Selenium 这个 Python 库，可以通过 https://selenium-python.readthedocs.org/ 获取其文档。

1. Selenium 与无界面浏览器

尽管通过常见浏览器安装和使用 Selenium 相当方便、容易，但是在服务器上运行这些脚本时则会出现问题。对于服务器而言，更常使用的是无界面浏览器。它们往往也比功能完整的 Web 浏览器更快且更具可配置性。

本书出版时最流行的无界面浏览器是 PhantomJS。它通过自身的基于 JavaScript 的 WebKit 引擎运行。PhantomJS 可以在大多数服务器中很容易地进行安装，并且可以遵照最新的下载说明在本地安装。

在 Selenium 中使用 PhantomJS 只需要进行一个不同的初始化。

```
>>> from selenium import webdriver
>>> driver = webdriver.PhantomJS() # note: you should use the phantomjs executable path here
                                   # if you see an error (e.g.
PhantomJS('/Downloads/pjs'))
```

你能注意到的第一个区别是此时不会打开浏览器窗口，但是已经有

第 5 章 动态内容

PhantomJS 实例在运行。要想测试我们的代码,可以访问一个页面并进行截图。

```
>>> driver.get('http://python.org')
>>> driver.save_screenshot('../data/python_website.png')
True
```

现在当你打开保存的 PNG 文件时,可以看到 PhantomJS 浏览器渲染的结果,如图 5.6 所示。

图 5.6

我们注意到这是一个长窗口。我们可以通过使用 `maximize_window` 或通过 `set_window_size` 设置窗口大小对其进行改变，无论哪种用法都已经在 Selenium Python documentation on the WebDriver API 中进行了详细的文档说明。

对于任何 Selenium 问题的调试来说，截图功能都是很有用的，即使是在你对真实浏览器使用 Selenium 时——有时候因为一些页面加载缓慢，或是网站的页面结构或 JavaScript 发生变化，可能会导致脚本运行失败。当发生错误时正好有页面的截图则会非常有帮助。此外，你可以使用驱动的 `page_source` 属性保存或查看当前页面的源代码。

使用类似 Selenium 这样基于浏览器的解析器的另一个原因是，它表现得更加不像爬虫。一些网站使用类似蜜罐的防爬技术，在该网站的页面上可能会包含隐藏的有毒链接，当你通过脚本点击它时，将会使你的爬虫被封禁。对于这类问题，由于 Selenium 基于浏览器的架构，因此可以成为更加强大的爬虫。当你不能在浏览器中点击或看到一个链接时，你也无法通过 Selenium 与其进行交互。此外，你的头部将包含你使用的确切浏览器，而且你还可以使用正常浏览器的功能，比如 cookie、会话以及加载图片和交互元素，这些功能有时需要加载特定的表单或页面。如果你的爬虫必须与页面进行交互，并且行为需要更加"类似人类"，那么 Selenium 是一个不错的选择。

5.5 本章小结

本章介绍了两种抓取动态网页数据的方法。第一种方法是使用浏览器工具对动态网页进行逆向工程，第二种方法是使用浏览器渲染引擎为我们触发 JavaScript 事件。我们首先使用 WebKit 创建自定义浏览器，然后使用更高级的 Selenium 框架重新实现该爬虫。

浏览器渲染引擎能够为我们节省了解网站后端工作原理的时间，但是该方法也有一些劣势。渲染网页增加了开销，使其比单纯下载 HTML 或使用 API

调用更慢。另外，使用浏览器渲染引擎的方法通常需要轮询网页来检查是否已经加载生成的 HTML，这种方式非常脆弱，在网络较慢时会经常失败。

我一般将浏览器渲染引擎作为短期解决方案，此时长期的性能和可靠性并不算重要；而作为长期解决方案，我会尝试对网站进行逆向工程。当然，一些网站可能需要"类似人类"的交互或是拥有封闭的 API，此时就意味着浏览器实现很可能是获取内容的唯一途径了。

在下一章中，我们将介绍如何与表单进行交互，以及如何使用 cookie 登录网站并编辑内容。

第 6 章
表单交互

在前面几章中，我们下载的静态网页返回的是相同的内容。而在本章中，我们将与网页进行交互，根据用户输入返回对应的内容。本章将包含如下几个主题：

- 发送 POST 请求提交表单；
- 使用 cookie 和会话登录网站；
- 使用 Selenium 用于表单提交。

想要和表单进行交互，就需要拥有可以登录网站的用户账号。现在我们需要手工注册账号，其网址为 `http://example.python-scraping.com/user/register`。本章目前还无法实现自动化注册表单，不过在下一章中我们将会介绍处理验证码图像的方法，从而实现自动化表单注册。

表单方法

HTML 定义了两种向服务器提交数据的方法，分别是 GET 和 POST。使用 GET 方法时，会将类似?name1=value1&name2=value2 的数据添加到 URL 中，这串数据被称为"查询字符串"。由于浏览器存在 URL 长度限制，因此这种方法只适用于少量数据的场景。另外，这种方法通常应当用于从服务器端获取数据，而不是修改数据，不过开发者有时会忽视这一规定。而在使用 POST 请求时，数据在请求体中发送，而不是在 URL 中。敏感数据只应使用 POST 请求进行发送,以避免将数据暴露在 URL 中。POST 数据在请求体中如何表示需要依赖于所使用的编码类型。服务器端还支持其他 HTTP 方法,比如 PUT 和 DELETE 方法,不过这些方法在标准 HTML 表单中均不支持。

6.1 登录表单

我们最先要实施自动化提交的是**登录**表单,其网址为 http://example.python-scraping.com/user/login。要想理解该表单,我们可以使用浏览器的开发者工具。如果使用完整版的 Firebug 或者 Chrome 开发者工具,我们只需提交表单就可以在网络选项卡中检查传输的数据(类似我们在第 5 章中做的操作)。不过,如果我们使用"Inspect Element"功能的话,只能看到关于表单的信息,如图 6.1 所示。

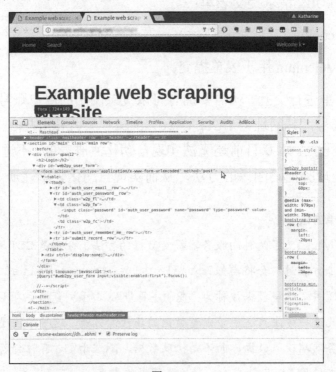

图 6.1

与如何发送表单有关的几个重要组成部分,分别是 form 标签的 action、enctype 和 method 属性,以及两个 input 域(在图 6.1 中,我们扩展了 "password" 域)。action 属性用于设置表单数据提交的 HTTP 地址,本例中为#,也就是当前 URL。enctype 属性(或编码类型)用于设置数据提交的编码,本例中为 application/x-www-form-urlencoded。而 method 属性被设为 post,表示在请求体中使用 POST 方法向服务器端提交表单数据。对于每个 input 标签,最重要的属性是 name,它用于设定 POST 数据提交到服务器端时某个域的名称。

> **表单编码**
>
> 当表单使用 POST 方法时,表单数据提交到服务器端之前有两种编码类型可供选择。默认编码类型为 application/x-www-form-urlencoded,此时所有非字母数字类型的字符都需要转换为十六进制的 ASCII 值。但是,如果表单中包含大量非字母数字类型的字符时,这种编码类型的效率就会非常低,比如处理二进制文件上传时就存在该问题,此时就需要定义 multipart/formdata 作为编码类型。使用这种编码类型时,不会对输入进行编码,而是使用 MIME 协议将其作为多个部分进行发送,和邮件的传输标准相同。

当普通用户通过浏览器打开该网页时,需要输入邮箱和密码,然后单击**登录**按钮将数据提交到服务端。如果登录成功,则会跳转到主页;否则,会跳转回**登录**页。下面是尝试自动化处理该流程的初始版本代码。

```
>>> from urllib.parse import urlencode
>>> from urllib.request import Request, urlopen
>>> LOGIN_URL = 'http://example.python-scraping.com/user/login'
>>> LOGIN_EMAIL = 'example@python-scraping.com'
>>> LOGIN_PASSWORD = 'example'
>>> data = {'email': LOGIN_EMAIL, 'password': LOGIN_PASSWORD}
>>> encoded_data = urlencode(data)
>>> request = Request(LOGIN_URL, encoded_data.encode('utf-8'))
>>> response = urlopen(request)
>>> print(response.geturl())
'http://example.python-scraping.com/user/login'
```

上述代码中，我们设置了邮件和密码域，并将其进行了 `urlencode` 编码，然后将这些数据提交到服务器端。当执行最后的打印语句时，输出的依然是**登录**页的 URL，也就是说登录失败了。你会注意到，我们还必须将已经编码的数据作为字节再次进行编码，以便 `urllib` 能够接受它。

我们可以使用 `requests` 以几行代码实现同样的处理。

```
>>> import requests
>>> response = requests.post(LOGIN_URL, data)
>>> print(response.url)
'http://example.python-scraping.com/user/login'
```

`requests` 库可以让我们显式定义要 POST 的数据，并且可以在其内部进行编码。不过遗憾的是，这段代码仍然会登录失败。

这是因为**登录**表单十分严格，除邮箱和密码外，还需要提交另外几个域。我们可以从图 6.1 的最下方找到这几个域，不过由于设置为 `hidden`，所以不会在浏览器中显示出来。为了访问这些隐藏域，下面将使用第 2 章中介绍的 `lxml` 库编写一个函数，提取表单中所有 `input` 标签的详情。

```
from lxml.html import fromstring

def parse_form(html):
    tree = fromstring(html)
    data = {}
    for e in tree.cssselect('form input'):
        if e.get('name'):
            data[e.get('name')] = e.get('value')
    return data
```

上述代码使用 `lxml` 的 CSS 选择器遍历表单中所有的 `input` 标签，然后以字典的形式返回其中的 `name` 和 `value` 属性。对**登录**页运行该函数后，得到的结果如下所示。

```
>>> html = requests.get(LOGIN_URL)
>>> form = parse_form(html.content)
```

```
>>> print(form)
{'_formkey': 'a3cf2b3b-4f24-4236-a9f1-8a51159dda6d',
 '_formname': 'login',
 '_next': '/',
 'email': '',
 'password': '',
 'remember_me': 'on'}
```

其中，`_formkey` 属性是这里的关键部分，它包含一个唯一的 ID，服务器端使用该唯一的 ID 来避免表单被多次提交的问题。每次加载网页时，都会产生不同的 ID，然后服务器端就可以通过这个给定的 ID 来判断表单是否已经提交过。下面是提交了 `_formkey` 及其他隐藏域的新版本登录代码。

```
>>> html = requests.get(LOGIN_URL)
>>> data = parse_form(html.content)
>>> data['email'] = LOGIN_EMAIL
>>> data['password'] = LOGIN_PASSWORD
>>> response = requests.post(LOGIN_URL, data)
>>> response.url
'http://example.python-scraping.com/user/login'
```

很遗憾，这个版本依然不能正常工作，因为它再一次返回了登录 URL。这是因为我们缺失了另一个必要的组成部分——浏览器 cookie。当普通用户加载登录表单时，`_formkey` 的值将会保存在 cookie 中，然后该值会与提交的登录表单数据中的 `_formkey` 值进行对比。我们可以通过 `response` 对象来查看 cookie 及它们的值。

```
>>> response.cookies.keys()
['session_data_places', 'session_id_places']
>>> response.cookies.values()
['"8bfbd84231e6d4dfe98fd4fa2b139e7f:NalmnUQ0oZtHRItjUOncTrmC30PeJpDgmA
qXZEwLtR1RvKyFWBMeDnYQAIbWhKmnqVpdeo5Xbh41g87MgYB-
oOpLysB8zyQci2FhhgUYFA77ZbT0hD3o0NQ7aN_
BaFVrHS4DYSh297eTYHIhNagDjFRS4Nny_8KaAFdcOV3a3jw_pVnpOg
2Q95n2VvVqd1gug5pmjBjCNofpAGver3buIMxKsDV4y3TiFO97t2bSFKgghayz2z9jn_iOox2yn
8O15nBw7mhVEndlx62jrVCAVWJBMLjamuDG01XFNFgMwwZBkLvYaZGMRbrls_cQh"',
 'True']
```

第 6 章 表单交互

你也可以通过 Python 解释器进行查看，`response.cookies` 是一个特殊的对象类型，称为 cookie jar。该对象也可以被传入新的请求中。让我们带上 cookie 重试一次提交。

```
>>> second_response = requests.post(LOGIN_URL, data, cookies=html.cookies)
>>> second_response.url
'http://example.python-scraping.com/'
```

> **什么是 cookie？**
>
> cookie 是网站在 HTTP 响应头中传输的少量数据，形如 `Set-Cookie: session_id=example;`。浏览器将会存储这些数据，并在后续对该网站的请求头中包含它们。这样就可以让网站识别和跟踪用户。

这次我们终于成功了！服务器端接受了我们提交的表单值，response 的 URL 是主页。请注意，我们需要使用来自初始请求且与表单数据正确匹配的 cookie。该代码片段以及本章中其他登录示例的代码位于本书源码文件的 chp6 文件夹中。

6.1.1 从浏览器加载 cookie

从前面的例子中可以看出，如何向服务器提交它所需的登录信息，有时候会很复杂。幸好，对于这种麻烦的网站还有一个变通方法，即先使用浏览器手工执行登录，然后在 Python 脚本中复用之前得到的 cookie，从而实现自动登录。

不同浏览器存储 cookie 的格式不同，不过 Firefox 和 Chrome 都使用了一种可以通过 Python 解析的易访问格式：sqlite 数据库。

> SQLite 是一个非常流行的开源 SQL 数据库。它可以很容易地在很多平台上进行安装，而且在 Mac OSX 中是预安装的。如果你想在自己的操作系统中下载并安装它，可以查看它的 the Download page，或搜索针对你的操作系统的指令。

如果想要查看你的 cookie，可以（如果已安装的话）运行 `sqlite3` 命令，并附带 cookie 文件的路径作为参数（如下所示为 Chrome 的示例）。

```
$ sqlite3 [path_to_your_chrome_browser]/Default/Cookies
SQLite version 3.13.0 2016-05-18 10:57:30
Enter ".help" for usage hints.
sqlite> .tables
cookies  meta
```

你需要先找到浏览器配置文件的路径。你可以通过搜索你的文件系统，或是在网上搜索你的浏览器及操作系统来找到它。如果你想了解 SQLite 的表格模式，可以使用.schema，并选择类似其他 SQL 数据库的语法函数。

除了在 sqlite 数据库中存储 cookie 外，一些浏览器（如 Firefox）还会将会话直接存储在 JSON 文件中，这种格式可以很容易地使用 Python 进行解析。另外，还有一些浏览器扩展，比如 SessionBuddy，可以导出会话到 JSON 文件中。对于登录而言，我们只需要找到合适的会话，其存储结构如下所示。

```
{"windows": [...
  "cookies": [
    {"host":"example.python-scraping.com",
     "value":"514315085594624:e5e9a0db-5b1f-4c66-a864",
     "path":"/",
     "name":"session_id_places"}
   ...]
]}
```

下面的函数可以用于将 Firefox 会话解析为 Python 字典，之后我们可以将其提供给 requests 库。

```
def load_ff_sessions(session_filename):
    cookies = {}
    if os.path.exists(session_filename):
        json_data = json.loads(open(session_filename, 'rb').read())
        for window in json_data.get('windows', []):
            for cookie in window.get('cookies', []):
                cookies[cookie.get('name')] = cookie.get('value')
    else:
        print('Session filename does not exist:', session_filename)
    return cookies
```

这里有一个比较麻烦的地方：不同操作系统中，Firefox 存储会话文件的位置不同。在 Linux 系统中，其路径如下所示。

```
~/.mozilla/firefox/*.default/sessionstore.js
```

在 OS X 中，其路径如下所示。

```
~/Library/Application Support/Firefox/Profiles/*.default/
    sessionstore.js
```

而在 Windows Vista 及以上版本系统中，其路径如下所示。

```
%APPDATA%/Roaming/Mozilla/Firefox/Profiles/*.default/sessionstore.js
```

下面是返回会话文件路径的辅助函数代码。

```python
import os, glob
def find_ff_sessions():
    paths = [
        '~/.mozilla/firefox/*.default',
        '~/Library/Application Support/Firefox/Profiles/*.default',
        '%APPDATA%/Roaming/Mozilla/Firefox/Profiles/*.default'
    ]
    for path in paths:
        filename = os.path.join(path, 'sessionstore.js')
        matches = glob.glob(os.path.expanduser(filename))
        if matches: m
            return matches[0]
```

需要注意的是，这里使用的 `glob` 模块会返回指定路径中所有匹配的文件。下面是修改后使用浏览器 cookie 登录的代码片段。

```python
>>> session_filename = find_ff_sessions()
>>> cookies = load_ff_sessions(session_filename)
>>> url = 'http://example.python-scraping.com'
>>> html = requests.get(url, cookies=cookies)
```

要检查会话是否加载成功，这次我们无法再依靠登录跳转了。这时我们需要抓取新生成的 HTML，检查是否存在登录用户标签。如果得到的结果是

Login，则说明会话没能正确加载。如果出现这种情况，你就需要使用 Firefox 浏览器确认一下是否已经成功登录示例网站。我们可以使用浏览器工具查看网站的 User 标签，如图 6.2 所示。

图 6.2

浏览器工具中显示该标签位于 ID 为"navbar"的<ul>标签中，我们可以使用第 2 章中介绍的 lxml 库抽取其中的信息。

```
>>> tree = fromstring(html.content)
>>> tree.cssselect('ul#navbar li a')[0].text_content()
'Welcome Test account'
```

本节中的代码非常复杂，而且只支持从 Firefox 浏览器中加载会话。有很多浏览器附加组件和扩展支持保存会话到 JSON 文件，因此当你需要会话数据用于登录时，可以探索它们作为你的可选项。

在下一节中，我们将看到 requests 库关于会话的更高级使用（其文档地址为 https://docs.python-requests.org/en/master/user/advanced/#session-objects），可以让我们在使用 Python 进行抓取时更轻松地利用浏览器会话。

6.2　支持内容更新的登录脚本扩展

既然我们可以通过脚本进行登录，那么我们也可以继续扩展该脚本，添加代码使其能够更新国家（或地区）数据。本节中使用的代码位于本书源码文件的 chp6 文件夹中，其名分别为 edit.py 和 login.py。

如图 6.3 所示，每个国家（或地区）页面底部均有一个 **Edit** 链接。

图 6.3

在登录情况下，点击该链接将会前往另一个页面，在该页面中所有国家（或地区）属性都可以进行编辑，如图 6.4 所示。

6.2 支持内容更新的登录脚本扩展

图 6.4

这里我们编写一个脚本，每次运行时，都会使该国家（或地区）的人口数量加 1。首先是重写 `login` 函数，以利用 `Session` 对象。这样可以使我们的代码更加整洁，并且可以让我们保持当前会话的登录状态。新的代码如下所示。

```
def login(session=None):
    """ Login to example website.
        params:
            session: request lib session object or None
        returns tuple(response, session)
    """
    if session is None:
        html = requests.get(LOGIN_URL)
    else:
        html = session.get(LOGIN_URL)
data = parse_form(html.content)
data['email'] = LOGIN_EMAIL
```

```
data['password'] = LOGIN_PASSWORD
if session is None:
    response = requests.post(LOGIN_URL, data, cookies=html.cookies)
else:
    response = session.post(LOGIN_URL, data)
assert 'login' not in response.url
return response, session
```

现在无论是否存在会话，我们的登录表单都可以正常工作。默认情况下不使用会话，并期望用户使用 cookie 来保持登录。不过，对于一些表单来说会有问题，所以在扩展登录函数时，会话功能十分有用。下一步，我们需要通过复用 parse_form() 函数，抽取国家（或地区）的当前人口数量值。

```
>>> from chp6.login import login, parse_form
>>> session = requests.Session()
>>> COUNTRY_URL = 'http://example.python-scraping.com/edit/United-Kingdom-239'
>>> response, session = login(session=session)
>>> country_or_district_html = session.get(COUNTRY_OR_DISTRICT_URL)
>>> data = parse_form(country_or_district_html.content)
>>> data
{'_formkey': 'd9772d57-7bd7-4572-afbd-b1447bf3e5bd',
 '_formname': 'places/2575175',
 'area': '244820.00',
 'capital': 'London',
 'continent': 'EU',
 'country_or_district': 'United Kingdom',
 'currency_code': 'GBP',
 'currency_name': 'Pound',
 'id': '2575175',
 'iso': 'GB',
 'languages': 'en-GB,cy-GB,gd',
 'neighbours': 'IE',
 'phone': '44',
 'population': '62348448',
 'postal_code_format': '@# #@@|@## #@@|@@# #@@|@@## #@@|@#@ #@@|@@#@ #@@|GIR0AA',
 'postal_code_regex': '^(([A-Z]d{2}[A-Z]{2})|([A-Z]d{3}[A-Z]{2})|([AZ]{2}d{2}[A-Z]{2})|([A-Z]{2}d{3}[A-Z]{2})|([A-Z]erd[A-Z]d[A-Z]{2})|([AZ]{2}d[A-Z]d[A-Z]{2})|(GIR0AA))$',
 'tld': '.uk'}
```

然后为人口数量加 1，并将更新提交到服务器端。

```
>>> data['population'] = int(data['population']) + 1
>>> response = session.post(COUNTRY_OR_DISTRICT_URL, data)
```

当我们再次回到国家（或地区）页时，可以看到人口数量已经增长到 62,348,449，如图 6.5 所示。

图 6.5

读者可以对任何字段随意进行修改和测试，因为网站所用的数据库每个小时都会将国家（或地区）数据恢复为初始值，以保证数据正常。在 the edit script 中还包含修改货币字段的代码，可以作为另一个例子来使用。你还可以修改其他国家（或地区）的信息用于练习。

需要注意的是，严格来说，本例并不算是网络爬虫，而是广义上的网络机器人。这里使用的表单技术同样可以应用于访问你想抓取数据的复杂表单的交互当中。请确保将新的自动化表单的力量用于良好的用途，而不是垃圾邮件或恶意内容机器人。

6.3 使用 Selenium 实现自动化表单处理

尽管我们的例子现在已经可以正常运行了,但是我们会发现每个表单都需要大量的工作和测试。我们可以使用第 5 章中介绍的 Selenium 减轻这方面的工作。由于 Selenium 是基于浏览器的解决方案,因此它可以模拟许多用户交互操作,包括点击、滚动以及输入。如果你通过类似 PhantomJS 的无界面浏览器使用 Selenium,那么你还能并行及扩展你的处理过程,因为它比完整浏览器的开销要更少一些。

使用完整的浏览器对于"人类化"交互来说同样是个很好的解决方案,尤其是当你使用的是知名浏览器,或类似浏览器的头部时,可以将你与其他更像机器人的标识区分开。

使用 Selenium 重写我们的登录和编辑脚本相当简单,不过我们必须先查看页面,找到要使用的 CSS 或 XPath 标识。通过浏览器工具进行该操作时,我们将会注意到对于登录表单和国家(或地区)编辑表单来说,登录表单拥有易于识别的 CSS ID。现在,我们可以使用 Selenium 重写登录和编辑功能。

首先,编写获取驱动以及登录的方法。

```
from selenium import webdriver
from selenium.webdriver.common.keys import Keys
from selenium.webdriver.common.by import By
from selenium.webdriver.support.ui import WebDriverWait
from selenium.webdriver.support import expected_conditions as EC

def get_driver():
    try:
        return webdriver.PhantomJS()
    except Exception:
        return webdriver.Firefox()

def login(driver):
```

```
driver.get(LOGIN_URL)
driver.find_element_by_id('auth_user_email').send_keys(LOGIN_EMAIL)
driver.find_element_by_id('auth_user_password').send_keys(
    LOGIN_PASSWORD + Keys.RETURN)
pg_loaded = WebDriverWait(driver, 10).until(
    EC.presence_of_element_located((By.ID, "results")))
assert 'login' not in driver.current_url
```

在这里，`get_driver` 函数先尝试获得 PhantomJS 的驱动，因为它速度更快，并且在服务器上安装更加容易。如果获取失败，则使用 Firefox。`login` 函数使用作为参数传递的 `driver` 对象，并使用浏览器驱动在第一次加载页面时登录，然后使用驱动的 `send_keys` 方法向识别出的待输入元素中写入内容。`Keys.RETURN` 发送的是回车键的信号，在许多表单中该键都会被映射为提交表单。

我们还使用了 Selenium 的显式等待（WebDriverWait 以及表示期望条件的 EC），这样我们可以告知浏览器进行等待，直到遇到指定的元素或条件。在本例中，我们知道登录后的主页显示中包含 ID 为 "`results`" 的 CSS 元素。WebDriverWait 对象将会为该元素的加载等待 10 秒钟的时间，超过该时间后抛出异常。我们可以很容易地关闭该等待，或是使用其他期望条件来匹配我们当前加载的页面行为。

> 想要了解更多关于 Selenium 显式等待的知识，我推荐你阅读其 Python 版本的文档，地址为 `http://selenium-python.readthedocs.io/waits.html`。显式等待优于隐式等待，因为你可以明确告知 Selenium 你想要等待的是什么，并且可以确保你希望交互的页面部分已经被加载。

既然我们已经获得了 Web 驱动，并且成功登录网站，那么此时我们希望可以与表单进行交互，修改人口数量。

```
def add_population(driver):
    driver.get(COUNTRY_OR_DISTRICT_URL)
    population = driver.find_element_by_id('places_population')
    new_population = int(population.get_attribute('value')) + 1
```

```
        population.clear()
        population.send_keys(new_population)
        driver.find_element_by_xpath('//input[@type="submit"]').click()
        pg_loaded = WebDriverWait(driver, 10).until(
            EC.presence_of_element_located((By.ID,
"places_population__row")))
        test_population = int(driver.find_element_by_css_selector(
            '#places_population__row .w2p_fw').text.replace(',', ''))
        assert test_population == new_population
```

这里有关 Selenium 使用的唯一新功能是 `clear` 方法,它用于清空表单的输入值(而不是在输入域结尾处添加)。我们还使用了元素的 `get_attribute` 方法,从页面的 HTML 元素中获得指定的属性。因为我们正在处理的是 HTML 的 `input` 元素,因此我们需要得到 `value` 属性,而不是检查 `text` 属性。

现在我们已经实现了使用 Selenium 将人口数量加 1 的所有方法,下面我们可以运行该脚本,类似如下所示。

```
>>> driver = get_driver()
>>> login(driver)
>>> add_population(driver)
>>> driver.quit()
```

由于我们的 `assert` 语句通过了,所以我们知道使用这个简单脚本更新人口数量的操作已经成功了。

使用 Selenium 与表单交互还有很多方式,我鼓励你通过阅读文档以更多地了解。Selenium 对那些调试有问题的网站尤其有帮助,因为我们拥有使用它的 `save_screenshot` 方法查看已加载浏览器截图的能力。

6.3.1 网络抓取时的"人类化"方法

一些网站通过特定行为检测网络爬虫。在第 5 章中,我们介绍了如何通过避免点击隐藏链接的方式避免进入蜜罐。下面再给出一些提示,以使在线抓取内容时的表现更像人类。

- **利用请求头**:我们介绍的大部分抓取库都可以改变请求头,允许你修改类似 User-Agent、Referrer、Host 以及 Connection 等内容。此外，当使用类似 Selenium 这样基于浏览器的抓取器时，你的爬虫看起来更像是使用正常请求头的普通浏览器。你可以通过打开浏览器工具，在 Network 选项卡中查看最近的请求，来了解浏览器正在使用的请求头是什么。这可能会让你更好地了解该站点接受的请求头是什么。

- **添加延时**：一些爬虫检测技术使用时间确定表单填写速度是否过于迅速，或是页面加载后的链接点击速度是否过快。为了表现得更像人类，可以在与表单交互时添加合适的延时，或是使用 sleep 在请求之间添加延时。这同样也是礼貌的抓取网站的方式，可以避免网站过载。

- **使用会话和 cookie**：正如我们本章所介绍的，使用会话和 cookie 可以帮助你的爬虫更容易地定位网站，并且可以让你表现得更像是普通浏览器。通过在本地保存会话和 cookie，你可以选择暂离时的会话，使用已保存的数据恢复抓取。

6.4 本章小结

在抓取网页时，和表单进行交互是一个非常重要的技能。本章介绍了两种交互方法：第一种是分析表单，手工生成期望的 POST 请求，并利用浏览器会话和 cookie 保持登录；第二种则是使用 Selenium 重新实现这些交互操作。我们还介绍了一些可以让你的爬虫更加"人类化"的提示。

下一章，我们将会继续扩展表单相关的技能，学习如何提交需要发送验证码图像答案的表单。

第 7 章
验证码处理

验证码（CAPTCHA）的全称为全自动区分计算机和人类的公开图灵测试（Completely Automated Public Turing test to tell Computersand Humans Apart）。从其全称可以看出，验证码用于测试用户是否为真实人类。一个典型的验证码由扭曲的文本组成，此时计算机程序难以解析，但人类仍然可以（希望如此）阅读。

许多网站使用验证码来防御与其网站交互的机器人程序。比如许多银行网站强制每次登录时都需要输入验证码，这就令人十分痛苦。本章将介绍如何自动化处理验证码问题，首先使用**光学字符识别（Optical Character Recognition，OCR）**，然后使用一个验证码处理 API。

在本章中，我们将会介绍如下主题。

- 验证码处理；
- 使用验证码处理服务；
- 机器学习和验证码；
- 报告错误。

7.1 注册账号

在第 6 章处理表单时,我们使用手工创建的账号登录网站,而忽略了创建账号这一部分,这是因为注册表单需要输入验证码,如图 7.1 所示。

图 7.1

请注意,每次加载表单时都会显示不同的验证码图像。为了了解表单需要哪些参数,我们可以复用上一章编写的 `parse_form()` 函数。

```
>>> import requests
>>> REGISTER_URL = 'http://example.python-scraping.com/user/register'
>>> session = requests.Session()
>>> html = session.get(REGISTER_URL)
>>> form = parse_form(html.content)
```

```
>>> form
{'_formkey': '1ed4e4c4-fbc6-4d82-a0d3-771d289f8661',
 '_formname': 'register',
 '_next': '/',
 'email': '',
 'first_name': '',
 'last_name': '',
 'password': '',
 'password_two': None,
 'recaptcha_response_field': None}
```

前面的代码中，除 recaptcha_response_field 之外的其他域都很容易处理，在本例中这个域要求我们从初始页面显示的图像中抽取出 **strange** 字符串。

7.1.1 加载验证码图像

在分析验证码图像之前，首先需要从表单中获取该图像。通过浏览器工具可以看到，图像数据是嵌入在网页中的，而不是从其他 URL 加载过来的，如图 7.2 所示。

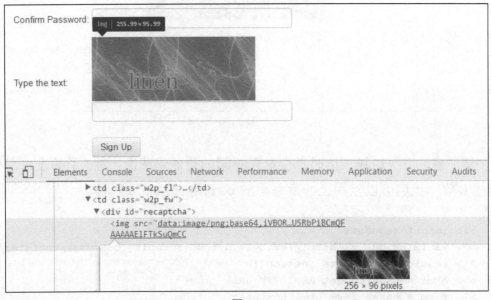

图 7.2

为了在 Python 中处理该图像，我们将会用到 Pillow 包，可以使用如下命令通过 pip 安装该包。

```
pip install Pillow
```

安装 Pillow 的其他方法可以参考 http://pillow.readthedocs.io/en/latest/installation.html。

Pillow 提供了一个便捷的 Image 类，其中包含了很多用于处理验证码图像的高级方法。下面的函数使用注册页的 HTML 作为输入参数，返回包含验证码图像的 Image 对象。

```
from io import BytesIO
from lxml.html import fromstring
from PIL import Image
import base64

def get_captcha_img(html):
    tree = fromstring(html)
    img_data = tree.cssselect('div#recaptcha img')[0].get('src')
    img_data = img_data.partition(',')[-1]
    binary_img_data = base64.b64decode(img_data)
    img = Image.open(BytesIO(binary_img_data))
    return img
```

开始几行使用 lxml 从表单中获取图像数据。图像数据的前缀定义了数据类型。在本例中，这是一张进行了 Base64 编码的 PNG 图像，这种格式会使用 ASCII 编码表示二进制数据。我们可以通过在第一个逗号处分割的方法移除该前缀。然后，使用 Base64 解码图像数据，回到最初的二进制格式。要想加载图像，PIL 还需要一个类似文件的接口，所以在传给 Image 类之前，我们又使用了 BytesIO 对这个二进制数据进行了封装。

在得到这个格式更加合适的验证码图像后，我们就可以尝试从中抽取文本了。

Pillow 与 PIL 的对比

Pillow 是知名的 Python 图像处理库（Python Image Library，PIL）的分支版本，不过 PIL 从 2009 年开始就没有再更新过。Pillow 使用了和原始 PIL 包相同的接口，并且拥有完善的文档，其文档地址为 http://pillow.readthedocs.org。Pillow 支持 Python3（PIL 不支持），因此我们将在本书中聚焦于使用 Pillow。

7.2　光学字符识别

光学字符识别（Optical Character Recognition，OCR）用于从图像中抽取文本。本节中，我们将使用开源的 Tesseract OCR 引擎，该引擎最初由惠普公司开发，目前由 Google 主导。Tesseract 的安装说明可以从 https://github.com/tesseract-ocr/tesseract/wiki/ 获取。然后，可以使用 pip 安装其 Python 封装版本 pytesseract。

```
pip install pytesseract
```

如果直接把验证码原始图像传给 pytesseract，解析结果一般都会很糟糕。

```
>>> import pytesseract
>>> img = get_captcha_img(html.content)
>>> pytesseract.image_to_string(img)
''
```

上面的代码执行后，会返回一个空字符串[①]，也就是说 Tesseract 在抽取输入图像中的字符时失败了。这是因为 Tesseract 的设计初衷是为了抽取更加典型的文本，比如背景统一的书页。如果我们想要更加有效地使用 Tesseract，需要先修改验证码图像，去除其中的背景噪音，只保留文本部分。

为了更好地理解我们将要处理的验证码系统，图 7.3 中又给出了几个示例验证码。

---

① 返回值也可能是一个错误的解析结果。——译者注

图 7.3

从图 7.3 中的例子可以看出，验证码文本一般都是黑色的，背景则会更加明亮，所以我们可以通过检查像素是否为黑色将文本分离出来，该处理过程又被称为**阈值化**。通过 `Pillow` 可以很容易地实现该处理过程。

```
>>> img.save('captcha_original.png')
>>> gray = img.convert('L')
>>> gray.save('captcha_gray.png')
>>> bw = gray.point(lambda x: 0 if x < 1 else 255, '1')
>>> bw.save('captcha_thresholded.png')
```

首先，我们使用 `convert` 方法把图像转为灰度图。然后，使用 `point` 命令，通过 `lambda` 函数映射图像，此时会遍历图像中的每个像素。在 `lambda` 函数中，只有阈值小于 1 的像素才会保留，也就是说只有全黑的像素才会保留下来。这段代码片段保存了 3 张图像，分别是原始验证码图像、转换后的灰度图以及阈值化处理后的图像。

最终图像中的文本更加清晰，此时我们就可以将其传给 Tesseract 进行处理了。

```
>>> pytesseract.image_to_string(bw)
'strange'
```

成功了！验证码中的文本已经被成功抽取出来了。在我测试的 100 张图片中，该方法正确解析了其中的 82 张验证码图像。

由于示例文本总是小写的 ASCII 字符，因此我们可以将结果限定在这些字符中，从而进一步提高性能。

```
>>> import string
>>> word = pytesseract.image_to_string(bw)
>>> ascii_word = ''.join(c for c in word.lower() if c in
string.ascii_lowercase)
```

在对相同的 100 张图片的测试中，其识别率提高到了 88%。

下面是目前注册脚本的完整代码。

```
import requests
import string
import pytesseract
from lxml.html import fromstring
from chp6.login import parse_form
from chp7.image_processing import get_captcha_img, img_to_bw

REGISTER_URL = 'http://example.python-scraping.com/user/register'
def register(first_name, last_name, email, password):
    session = requests.Session()
    html = session.get(REGISTER_URL)
    form = parse_form(html.content)
    form['first_name'] = first_name
    form['last_name'] = last_name
    form['email'] = email
    form['password'] = form['password_two'] = password
    img = get_captcha_img(html.content)
    captcha = ocr(img)
    form['recaptcha_response_field'] = captcha
    resp = session.post(html.url, form)
    success = '/user/register' not in resp.url
    if not success:
        form_errors = fromstring(resp.content).cssselect('div.error')
        print('Form Errors:')
        print('n'.join(
            (' {}: {}'.format(f.get('id'), f.text) for f in
```

```
        form_errors)))
    return success

def ocr(img):
    bw = img_to_bw(img)
    captcha = pytesseract.image_to_string(bw)
    cleaned = ''.join(c for c in captcha.lower() if c in
string.ascii_lowercase)
    if len(cleaned) != len(captcha):
        print('removed bad characters: {}'.format(set(captcha) -
set(cleaned)))
    return cleaned
```

register()函数下载注册页面,抓取其中的表单,并在表单中设置新账号的名称、邮箱地址和密码。然后抽取验证码图像,传给 OCR 函数,并将 OCR 函数产生的结果添加到表单中。接下来提交表单数据,检查响应 URL,确认注册是否成功。

如果注册失败(没有正确重定向到主页),将会打印出表单错误信息,比如我们可能需要使用更长的密码、不同的邮箱或验证码输入错误。我们还打印了移除的字符,用于帮助调试,使我们的验证码解析器更好。这些日志可能有助于我们识别常见的 OCR 错误,比如误将 1 认为 l 或类似的错误,这就需要在相似的字符间进行更完美的区分。

现在,只需要使用新账号信息调用 register() 函数,就可以注册账号了。

```
>>> register(first_name, last_name, email, password)
True
```

7.2.1 进一步改善

要想进一步改善验证码 OCR 的性能,下面还有一些可能会使用到的方法:

- 实验不同的阈值;
- 腐蚀阈值文本,突出字符形状;
- 调整图像大小(有时增大尺寸会起到作用);

- 根据验证码字体训练 OCR 工具；
- 限制结果为字典单词。

如果你对改善性能的实验感兴趣，可以使用本书源码文件中的示例数据，它位于 data/captcha_samples 文件夹中。此外，还有一个脚本用于测试其准确度，它位于本书源码文件的 chp7 文件夹中，其名为 test_samples。不过，对于我们注册账号这一目的，目前 88%的准确率已经足够了，这是因为即使是真实用户也会在输入验证码文本时出现错误。实际上，即使 10%的准确率也是足够的，因为脚本可以运行多次直至成功，不过这样做对服务器不够友好，甚至可能会导致 IP 被封禁。

7.3 处理复杂验证码

前面用于测试的验证码系统相对来说比较容易处理，因为文本使用的黑色字体与背景很容易区分，而且文本是水平的，无须旋转就能被 Tesseract 准确解析。一般情况下，网站使用的都是类似这种比较简单的通用验证码系统，此时可以使用 OCR 方法。但是，如果网站使用的是更加复杂的系统，比如 Google 的 reCAPTCHA，OCR 方法则需要花费更多努力，甚至可能无法使用。

在这些例子中，因为文本被置于不同的角度，并且拥有不同的字体和颜色，所以要使 OCR 方法准确的话，需要更多工作来清理以及预处理这些图像。这些高级验证码，甚至有时连人类都很难解析，对于一个简单的脚本来说就更加困难了。

7.4 使用验证码处理服务

为了处理这些更加复杂的图像，我们将使用验证码处理服务[①]。验证码处

[①] 一般也称为打码平台。——译者注

理服务有很多，比如 2Paptcha 网站和 DeCaptcher 网站，其服务价位为 1000 个验证码图像 0.5 美元～2 美元不等。当把验证码图像传给验证码解析 API 时，会有人进行人工查看，并在 HTTP 响应中给出解析后的文本，一般来说该过程在 30 秒以内。

在本节的示例中，我们将使用 9kw.eu 的服务。虽然该服务没有提供最便宜的验证码处理价格，也没有最好的 API 设计，但是使用该 API 可能不需要花钱。这是因为 9kw.eu 允许用户人工处理验证码来获取积分，然后花费这些积分处理我们的验证码。

7.4.1 9kw 入门

要想开始使用 9kw，首先需要创建一个账号，注册网址为 `https://www.9kw.eu/register.html`。

然后，按照账号确认说明进行操作。登录后，我们被定位到 `https://www.9kw.eu/usercaptcha.html`。

在本页中，需要处理其他用户的验证码来获取后面使用 API 时所需的积分。在处理了几个验证码之后，会被定位到 `https://www.9kw.eu/index.cgi?action=userapinew&source=api` 来创建 API key。

9kw 验证码 API

9kw 的 API 文档地址为 `https://www.9kw.eu/api.html#apisubmit-tab`。我们用于提交验证码和检查结果的主要部分总结如下。

如果想要提交要解析的验证码，可以使用该 API 方法及参数。

```
URL: https://www.9kw.eu/index.cgi （POST）
apikey: 你的 API key
action: 必须设为 "usercaptchaupload"
file-upload-01: 需要处理的图像（文件、url 或字符串）
base64: 如果输入是 Base64 编码，则设为 "1"
maxtimeout: 等待处理的最长时间（必须为 60～3999 秒）
```

selfsolve：如果自己处理该验证码，则设为"1"
json：如果要以 JSON 格式接收响应，则设为"1"
API 返回值：该验证码的 ID

如果想要请求已提交验证码的结果，需要使用不同的 API 方法和参数。

URL：https://www.9kw.eu/index.cgi（GET）
apikey：你的 API key
action：必须设为"usercaptchacorrectdata"
id：要检查的验证码 ID
info：若设为 1，没有得到结果时返回"NO DATA"（默认返回空）
json：如果要以 JSON 格式接收响应，则设为"1"
API 返回值：要处理的验证码文本或错误码

此外，API 还有一些错误代码。

0001 API key 不存在
0002 没有找到 API key
0003 没有找到激活的 API key
……
0031 账号被系统禁用 24 小时
0032 账号没有足够的权限
0033 需要升级插件

下面是发送验证码图像到该 API 的初始实现代码。

```
import requests

API_URL = 'https://www.9kw.eu/index.cgi'

def send_captcha(api_key, img_data):
    data = {
        'action': 'usercaptchaupload',
        'apikey': api_key,
        'file-upload-01': img_data,
        'base64': '1',
        'selfsolve': '1',
        'maxtimeout': '60',
        'json': '1',
    }
    response = requests.post(API_URL, data)
```

```
        return response.content
```

这个结构应该看起来很熟悉,首先我们创建了一个所需参数的字典,对其进行编码,然后将该数据作为请求体提交。需要注意的是,这里将 `selfsolve` 选项设为 `'1'`,这种设置下,如果我们正在使用 9kw 的 Web 界面处理验证码,那么验证码图像就会传给我们自己处理,从而可以节约我们的积分。如果此时我们没有处于登录状态,验证码则会传给其他用户。

下面是获取验证码图像处理结果的代码。

```
def get_captcha_text(api_key, captcha_id):
    data = {
        'action': 'usercaptchacorrectdata',
        'id': captcha_id,
        'apikey': api_key,
        'json': '1',
    }
    response = requests.get(API_URL, data)
    return response.content
```

9kw 的 API 的一个缺点是,错误信息是在与结果相同的 JSON 字段中传输的,这样就会使它们的区分更加复杂。例如,此时没有用户处理验证码图像,则会返回 `ERROR NO USER` 字符串。不过幸好我们提交的验证码图像永远不会包含这类文本。

另一个困难是,只有在其他用户有时间人工处理验证码图像时,`get_captcha_text()` 函数才能返回错误信息,正如之前提到的,通常要在 30 秒之后。

为了使实现更加友好,我们将会增加一个封装函数,用于提交验证码图像以及等待结果返回。下面的扩展版本代码把这些功能封装到一个可复用类当中,另外还增加了检查错误信息的功能。

```
import base64
import re
import time
```

```python
import requests
from io import BytesIO

class CaptchaAPI:
    def __init__(self, api_key, timeout=120):
        self.api_key = api_key
        self.timeout = timeout
        self.url = 'https://www.9kw.eu/index.cgi'

    def solve(self, img):
        """Submit CAPTCHA and return result when ready"""
        img_buffer = BytesIO()
        img.save(img_buffer, format="PNG")
        img_data = img_buffer.getvalue()
        captcha_id = self.send(img_data)
        start_time = time.time()
        while time.time() < start_time + self.timeout:
            try:
                resp = self.get(captcha_id)
            except CaptchaError:
                pass # CAPTCHA still not ready
            else:
                if resp.get('answer') != 'NO DATA':
                    if resp.get('answer') == 'ERROR NO USER':
                        raise CaptchaError(
                            'Error: no user available to solve CAPTCHA')
                    else:
                        print('CAPTCHA solved!')
                        return captcha_id, resp.get('answer')
            print('Waiting for CAPTCHA ...')
            time.sleep(1)
        raise CaptchaError('Error: API timeout')

    def send(self, img_data):
        """Send CAPTCHA for solving """
        print('Submitting CAPTCHA')
        data = {
            'action': 'usercaptchaupload',
            'apikey': self.api_key,
            'file-upload-01': base64.b64encode(img_data),
            'base64': '1',
            'selfsolve': '1',
            'json': '1',
            'maxtimeout': str(self.timeout)
```

```
            }
            result = requests.post(self.url, data)
            self.check(result.text)
            return result.json()

        def get(self, captcha_id):
            """Get result of solved CAPTCHA """
            data = {
                'action': 'usercaptchacorrectdata',
                'id': captcha_id,
                'apikey': self.api_key,
                'info': '1',
                'json': '1',
            }
            result = requests.get(self.url, data)
            self.check(result.text)
            return result.json()

        def check(self, result):
            """Check result of API and raise error if error code"""
            if re.match('00dd w+', result):
                raise CaptchaError('API error: ' + result)

        def report(self, captcha_id, correct):
            """ Report back whether captcha was correct or not"""
            data = {
                'action': 'usercaptchacorrectback',
                'id': captcha_id,
                'apikey': self.api_key,
                'correct': (lambda c: 1 if c else 2)(correct),
                'json': '1',
            }
            resp = requests.get(self.url, data)
            return resp.json()

    class CaptchaError(Exception):
        pass
```

CaptchaAPI 类的源码位于本书源码文件的 chp7 文件夹中，其名为 captcha_api.py，这个代码文件会在 9kw.eu 修改其 API 时保持更新。这个类使用你的 API key 以及超时时间进行实例化，其中超时时间默认为120秒。solve() 方法把验证码图像提交给 API，并持续请求，直到验证码图像处理完成或者到达超时时间。

目前，检查 API 响应中的错误信息时，`check()` 方法会检查初始字符，确认其是否遵循错误信息前包含 4 位数字错误码的格式。要想该 API 在使用时更加健壮，可以对该方法进行扩展，使其包含全部 34 种错误类型。

下面是使用 CaptchaAPI 类处理验证码图像时的执行过程示例。

```
>>> API_KEY = ...
>>> captcha = CaptchaAPI(API_KEY)
>>> img = Image.open('captcha.png')
>>> captcha_id, text = captcha.solve(img)
Submitting CAPTCHA
Waiting for CAPTCHA ...
Waiting for CAPTCHA ...
Waiting for CAPTCHA ...
Waiting for CAPTCHA ...
Waiting for CAPTCHA ...
Waiting for CAPTCHA ...
Waiting for CAPTCHA ...
Waiting for CAPTCHA ...
Waiting for CAPTCHA ...
Waiting for CAPTCHA ...
Waiting for CAPTCHA ...
CAPTCHA solved!
>>> text
juxhvgy
```

这是本章前面给出的第一个复杂验证码图像的正确识别结果。如果再次提交相同的验证码图像，则会立即返回缓存结果，并且不会再次消耗积分。

```
>>> captcha_id, text = captcha.solve(img_data)
Submitting CAPTCHA
>>> text
juxhvgy
```

7.4.2 报告错误

大多数验证码处理服务，比如 9kw.eu，都提供了对已处理验证码报告问题的能力，可以对文本是否在网站中正常工作给予反馈。你可能已经注意到了，在我们的 CaptchaAPI 类中，有一个 report 方法，可以让我们通过传输验证码 ID 以及布尔值，来判断验证码是否正确。之后，它将数据发送到仅用于报告验证码正确性的终端上。对于我们的用例来说，可以通过判断注册表单成功还是失败来确定验证码是否正确。

根据你使用的 API 不同，可能会在报告错误的验证码后获得返还的积分，这对于付费服务来说是非常有用的。当然，该功能可能会被滥用，因此每天报告错误的数量通常都会有一个上限。除了返还积分外，无论是报告正确还是错误的验证码处理结果，都会对服务改善有所帮助，可以让你不会为无效的处理结果花费额外的费用。

7.4.3　与注册功能集成

目前我们已经拥有了一个可以运行的验证码 API 解决方案，下面我们可以将其与前面的表单进行集成。下面的代码对 register 函数进行了修改，现在我们使用了 CaptchaAPI 类。

```
from configparser import ConfigParser
import requests

from lxml.html import fromstring
from chp6.login import parse_form
from chp7.image_processing import get_captcha_img
from chp7.captcha_api import CaptchaAPI

REGISTER_URL = 'http://example.python-scraping.com/user/register'

def get_api_key():
    config = ConfigParser()
    config.read('../config/api.cfg')
    return config.get('captcha_api', 'key')

def register(first_name, last_name, email, password):
    session = requests.Session()
    html = session.get(REGISTER_URL)
```

```
    form = parse_form(html.content)
    form['first_name'] = first_name
    form['last_name'] = last_name
    form['email'] = email
    form['password'] = form['password_two'] = password
    api_key = get_api_key()
    img = get_captcha_img(html.content)
    api = CaptchaAPI(api_key)
    captcha_id, captcha = api.solve(img)
    form['recaptcha_response_field'] = captcha
    resp = session.post(html.url, form)
    success = '/user/register' not in resp.url
    if success:
        api.report(captcha_id, 1)
    else:
        form_errors = fromstring(resp.content).cssselect('div.error')
        print('Form Errors:')
        print('n'.join(
            (' {}: {}'.format(f.get('id'), f.text) for f in form_errors)))
        if 'invalid' in [f.text for f in form_errors]:
            api.report(captcha_id, 0)
    return success
```

从前面的代码中可以看出，我们使用了新的 CaptchaAPI 类，确保向 API 报告错误和成功。我们还使用了 ConfigParser，这样我们的 API key 就永远不会保存在代码库当中了，而是保存在配置文件中。如果想要查看配置文件的示例，可以前往我们的代码库（位于本书源码文件的 code 文件夹中，其名为 example_config.cfg）。你还可以将 API key 存储在环境变量或是你计算机或服务器的其他安全存储中。

现在，我们可以尝试运行新的注册函数了。

```
>>> register(first_name, last_name, email, password)
Submitting CAPTCHA
Waiting for CAPTCHA ...
Waiting for CAPTCHA ...
Waiting for CAPTCHA ...
Waiting for CAPTCHA ...
Waiting for CAPTCHA ...
Waiting for CAPTCHA ...
```

```
Waiting for CAPTCHA ...
True
```

运行成功了！我们从表单中成功获取到了验证码图像，并提交给 9kw 的 API，之后其他用户人工处理了该验证码，程序将返回结果成功提交到 Web 服务器端，注册了一个新账号。

7.5 验证码与机器学习

随着深度学习和图像识别技术的进步，计算机在正确识别图像中的文本和对象方面越来越出色。有一些有意思的论文和项目针对验证码运用了深度学习图像识别方法。一个基于 Python 的项目（`https://github.com/arunpatala/captcha`）使用了 PyTorch 在一个大型验证码数据集上训练处理模型。2012 年 6 月，Claudia Cruz、Fernando Uceda 以及 Leobardo Reyes（一个来自墨西哥的学生团队）发表了一篇论文，可以对 reCAPTCHA 验证码的图像达到 82%的处理准确率。另外，还有很多其他的研究和黑客攻击，尤其是那些经常包含音频组件的验证码图像（包含该组件的目的是用于无障碍访问）。

针对你遇到的网络爬虫来说，不太可能需要比 OCR 或基于 API 的验证码服务更多的验证码处理功能，不过如果你对尝试训练自己的模型感兴趣的话，首先需要找到或创建正确解码的大型验证码数据集。深度学习和计算机视觉都是正在快速发展的领域，很有可能在本书出版后，会有更多的研究和项目发表！

7.6 本章小结

本章给出了处理验证码的方法：首先是使用 OCR，然后是使用外部 API。对于简单的验证码，或者需要处理大量验证码时，在 OCR 方法上花费时间是很值得的。否则，使用验证码处理 API 会更加经济有效。

下一章中，我们将介绍 Scrapy，这是一个流行的高级框架，可以用于创建爬虫应用。

第 8 章 Scrapy

Scrapy 是一个流行的网络爬虫框架，它使用了一些高级功能以简化网站抓取。本章中，我们将学习使用 Scrapy 抓取示例网站，目标任务与第 2 章相同。然后，我们还会介绍 Portia，这是一个基于 Scrapy 的应用，允许用户通过点击界面抓取网站。

在本章中，我们将会介绍如下主题：

- Scrapy 入门；
- 创建爬虫；
- 对比不同的爬虫类型；
- 使用 Scrapy 进行爬取；
- 使用 Portia 编写可视化爬虫；
- 使用 Scrapely 实现自动化抓取。

8.1 安装 Scrapy

我们可以使用 pip 命令安装 Scrapy，如下所示。

```
pip install scrapy
```

由于 Scrapy 依赖一些外部库，因此如果在安装过程中遇到困难的话，可以从其官方网站上获取到更多信息，网址为 http://doc.scrapy.org/en/latest/intro/install.html。

如果 Scrapy 安装成功，就可以在终端里执行 `scrapy` 命令了。

```
$ scrapy
    Scrapy 1.3.3 - no active project

Usage:
  scrapy <command> [options] [args]

Available commands:
        bench     Run quick benchmark test
        commands
        fetch     Fetch a URL using the Scrapy downloader
...
```

本章中我们将会使用如下几个命令。

- `startproject`：创建一个新项目。
- `genspider`：根据模板生成一个新爬虫。
- `crawl`：执行爬虫。
- `shell`：启动交互式抓取控制台。

> 要了解上述命令或其他命令的详细信息，可以参考 http://doc.scrapy.org/en/latest/topics/commands.html。

8.2 启动项目

安装好 Scrapy 以后，我们可以运行 `startproject` 命令生成第一个 Scrapy 项目的默认结构。

具体的操作步骤为：打开终端进入想要存储 Scrapy 项目的目录，然后运行 scrapy startproject <project name>。这里我们使用 example 作为项目名。

```
$ scrapy startproject example
$ cd example
```

下面是 scrapy 命令生成的文件结构。

```
scrapy.cfg
example/
    __init__.py
    items.py
    middlewares.py
    pipelines.py
    settings.py
    spiders/
        __init__.py
```

其中，在本章（以及一般的 Scrapy 使用）中比较重要的几个文件如下所示。

- items.py：该文件定义了待抓取域的模型。
- settings.py：该文件定义了一些设置，如用户代理、爬取延时等。
- spiders/：该目录存储实际的爬虫代码。

另外，Scrapy 使用 scrapy.cfg 设置项目配置，pipelines.py 处理要抓取的域，middlewares.py 控制请求和响应中间件，不过在本例中无须修改这几个文件。

8.2.1 定义模型

默认情况下，example/items.py 文件包含如下代码。

```
# -*- coding: utf-8 -*-
# Define here the models for your scraped items
#
# See documentation in:
```

```
# http://doc.scrapy.org/en/latest/topics/items.html

import scrapy

class ExampleItem(scrapy.Item):
    # define the fields for your item here like:
    # name = scrapy.Field()
    pass
```

ExampleItem 类是一个模板，需要将其中的内容替换为我们希望从示例国家（或地区）页面中抽取到的信息。对于目前来说，我们只会抓取国家（或地区）名称和人口数量，而不是抓取国家（或地区）的所有信息。下面是修改后支持该功能的模型代码。

```
class CountryOrDistrictItem(scrapy.Item):
    name = scrapy.Field()
    population = scrapy.Field()
```

 定义 item 的详细文档可以参考 http://doc.scrapy.org/en/latest/topics/items.html。

8.2.2　创建爬虫

现在，我们要开始编写真正的爬虫代码了，在 Scrapy 里又被称为 **spider**。通过 `genspider` 命令，传入爬虫名、域名以及可选的模板参数，就可以生成初始模板。

```
$ scrapy genspider country_or_district example.python-scraping.com --template=crawl
```

我们使用了内置的 `crawl` 模板，以利用 Scrapy 库的 `CrawlSpider`。相对于简单的抓取爬虫来说，Scrapy 的 `CrawlSpider` 拥有一些网络爬取时可用的特殊属性和方法。

运行 `genspider` 命令之后，下面的代码将会在 `example/spiders/country_or_district.py` 中自动生成。

```
# -*- coding: utf-8 -*-
import scrapy
from scrapy.linkextractors import LinkExtractor
from scrapy.spiders import CrawlSpider, Rule

class CountryOrDistrictSpider(CrawlSpider):
    name = 'country_or_district'
    allowed_domains = ['example.python-scraping.com']
    start_urls = ['http://example.python-scraping.com']

    rules = (
        Rule(LinkExtractor(allow=r'Items/'), callback='parse_item', follow=True),
    )

    def parse_item(self, response):
        i = {}
        #i['domain_id'] = response.xpath('//input[@id="sid"]/@value').extract()
        #i['name'] = response.xpath('//div[@id="name"]').extract()
        #i['description'] = response.xpath('//div[@id="description"]').extract()
        return i
```

最开始几行导入了后面会用到的 Scrapy 库以及编码定义。然后创建了一个爬虫类，该类包括如下类属性。

- `name`：识别爬虫的字符串。

- `allowed_domains`：可以爬取的域名列表。如果没有设置该属性，则表示可以爬取任何域名。

- `start_urls`：爬虫起始 URL 列表。

- `rules`：该属性为一个通过正则表达式定义的 `Rule` 对象元组，用于告知爬虫需要跟踪哪些链接以及哪些链接包含待抓取的有用内容。

你会发现定义的 `Rule` 中包含一个 `callback` 属性，该回调被设置为下面定义的 `parse_item`。该方法是 `CrawlSpider` 对象的主要数据抽取方法，并且该方法生成的 Scrapy 代码中包含从页面中抽取内容的示例。

由于 Scrapy 是一个高级框架，因此即使只有这几行代码，也还有很多需要了解的知识。官方文档中包含了创建爬虫相关的更多细节，其网址为 http://doc.scrapy.org/en/latest/topics/spiders.html。

1. 优化设置

在运行前面生成的爬虫之前，需要更新 Scrapy 的设置，避免爬虫被封禁。默认情况下，Scrapy 对同一域名允许最多 16 个并发下载，并且两次下载之间没有延时，这样就会比真实用户浏览时的速度快很多。该行为很容易被服务器检测到并阻止。

在第 1 章中提到，当下载速度持续高于每秒一个请求时，我们抓取的示例网站会暂时封禁爬虫，也就是说使用默认配置会造成我们的爬虫被封禁。除非你在本地运行示例网站，否则我建议在 example/settings.py 文件中添加如下几行代码，使爬虫同时只能对每个域名发起一个请求，并且每两次请求之间存在合理的 5 秒延时。

```
CONCURRENT_REQUESTS_PER_DOMAIN = 1
DOWNLOAD_DELAY = 5
```

你也可以在文档中搜索到这些设置，使用上面的值进行修改并取消注释。请注意，Scrapy 在两次请求之间的延时并不是精确的，这是因为精确的延时同样会造成爬虫容易被检测到，然后被封禁。而 Scrapy 实际使用的方法是在两次请求之间的延时上添加随机的偏移量。

 要想了解关于上述设置和其他可用设置的更多细节，可以参考 http://doc.scrapy.org/en/latest/topics/settings.html。

2. 测试爬虫

想要从命令行运行爬虫，需要使用 crawl 命令，并且带上爬虫的名称。

```
$ scrapy crawl country_or_district -s LOG_LEVEL=ERROR
```

$

脚本运行后，完全没有输出。你会注意到命令中有一个-s LOG_LEVEL=ERROR 标记，这是一个 Scrapy 设置，等同于在 settings.py 文件中定义 LOG_LEVEL = 'ERROR'。默认情况下，Scrapy 会在终端上输出所有日志信息，而这里是将日志级别提升至只显示错误信息。

为了真正抓取页面上的一些内容，我们需要在爬虫文件中添加几行代码。为了确保我们可以启动构建并且抽取 item，我们必须先从使用 CountryItem 开始，并更新爬取规则。下面是更新后的爬虫版本。

```
from example.items import CountryOrDistrictItem
    ...
    rules = (
        Rule(LinkExtractor(allow=r'/index/'), follow=True),
        Rule(LinkExtractor(allow=r'/view/'), callback='parse_item')
    )

    def parse_item():
        i = CountryOrDistrictItem ()
        ...
```

为了抽取结构化数据，需要使用我们创建的 CountryOrDistrictItem 类。在新添加的代码中，我们引入该类，并在 parse_item 方法中实例化了一个对象 i（或 item）。

此外，我们还需要添加规则，以便我们的爬虫可以找到数据并对其进行抽取。默认规则为搜索 url 模式 r'/Items'，这与我们的示例站点并不匹配。我们可以根据对站点的已知信息，创建两条新规则来替代默认规则。第一条规则爬取索引页并跟踪其中的链接，而第二条规则爬取国家（或地区）页面并将下载响应传给 callback 函数用于抓取。

下面让我们把日志级别设为 DEBUG 以显示更多的爬取信息，来看一下这个改进后的爬虫是如何运行的。

```
$ scrapy crawl country_or_district -s LOG_LEVEL=DEBUG
```

```
...
2017-03-24 11:52:42 [scrapy.core.engine] DEBUG: Crawled (200) <GET
http://example.python-scraping.com/view/Belize-23> (referer:
http://example.python-scraping.com/index/2)
2017-03-24 11:52:49 [scrapy.core.engine] DEBUG: Crawled (200) <GET
http://example.python-scraping.com/view/Belgium-22> (referer:
http://example.python-scraping.com/index/2)
2017-03-24 11:52:53 [scrapy.extensions.logstats] INFO: Crawled 40 pages (at
10 pages/min), scraped 0 items (at 0 items/min)
2017-03-24 11:52:56 [scrapy.core.engine] DEBUG: Crawled (200) <GET
http://example.python-scraping.com/user/login?_next=%2Findex%2F0> (referer:
http://example.python-scraping.com/index/0)
2017-03-24 11:53:03 [scrapy.core.engine] DEBUG: Crawled (200) <GET
http://example.python-scraping.com/user/register?_next=%2Findex%2F0>
(referer:
http://example.python-scraping.com/index/0)
...
```

输出的日志信息显示,索引页和国家(或地区)页都可以正确爬取,并且已经过滤了重复链接。我们还可以看到,在首次启动爬取时,我们已安装的中间件以及其他重要信息的输出。

不过,我们还会发现爬虫浪费了很多资源来爬取每个网页上的登录和注册表单链接,因为它们也匹配 `rules` 里的正则表达式。前面命令中的登录 URL 以 `_next=%2Findex%2F1` 结尾,也就是 `_next=/index/1` 经过 URL 编码后的结果,定义了登录后重定向的地址。要想避免爬取这些 URL,我们可以使用规则的 `deny` 参数,该参数同样需要一个正则表达式,用于匹配每个不想爬取的 URL。

下面对之前的代码进行了修改,通过避免 URL 包含 `/user/` 来防止爬取用户登录和注册表单。

```
rules = (
    Rule(LinkExtractor(allow=r'/index/', deny=r'/user/'), follow=True),
    Rule(LinkExtractor(allow=r'/view/', deny=r'/user/'),
callback='parse_item')
)
```

> 想要进一步了解如何使用 LinkExtractor 类,可以参考其文档,网址为
> http://doc.scrapy.org/en/latest/topics/linkextractors.html。

要想停止当前爬取,并使用新的代码重新开始,你可以使用 *Ctrl + C* 或 *cmd + C* 发送一个退出信号。之后,你将会看到类似如下所示的信息。

```
2017-03-24 11:56:03 [scrapy.crawler] INFO: Received SIG_SETMASK, shutting
down gracefully. Send again to force
```

它将完成队列中的请求,然后停止。你将会在结尾处看到一些额外的统计和调试信息,我们将在本节后面的部分对其进行介绍。

> 除了为爬虫添加拒绝规则外,你还可以对 Rule 对象使用 `process_links` 参数。它将允许你创建一个可以迭代所有可发现链接并进行任意修改的函数(比如移除或添加查询字符串的部分)。关于爬取规则的更多信息,可以查阅文档,地址为 https://doc.scrapy.org/en/latest/topics/spiders.html#crawling-rules。

8.3 不同的爬虫类型

在这个 Scrapy 的例子中,我们使用了 Scrapy 的 `CrawlSpider`,它在爬取一个或一系列网站时非常有用。Scrapy 还有其他几种爬虫,根据网站和想要抽取的内容不同,你可能也会使用到它们。这些爬虫属于如下几个类别。

- `Spider`:普通的抓取爬虫。通常只用于抓取一个类型的页面。
- `CrawlSpider`:爬取爬虫。通常用于遍历域名,并从它通过爬取链接发现的页面中抓取一个(或几个)类型的页面。
- `XMLFeedSpider`:遍历 XML 流并从每个节点中抽取内容的爬虫。
- `CSVFeedSpider`:与 XML 爬虫类似,不过此处是解析输出中的 CSV 行。
- `SitemapSpider`:该爬虫通过先解析站点地图,使用不同的规则爬取网站。

这些爬虫都包含在 Scrapy 的默认安装当中,因此无论何时你想要构建一个新的网络爬虫时,都可以使用它们。在本章中,我们将完成构建第一个爬取爬虫,作为如何使用 Scrapy 工具的示例。

8.4 使用 shell 命令抓取

现在 Scrapy 已经可以爬取国家(或地区)页面了,下面还需要定义要抓取哪些数据。为了帮助测试如何从网页中抽取数据,Scrapy 提供了一个很方便的命令——`shell`,可以通过 Python 或 IPython 解释器向我们展示 Scrapy 的 API。

我们可以使用想要作为起始的 URL 调用命令,如下所示。

```
$ scrapy shell http://example.python-scraping.com/view/United-Kingdom-239
...
[s] Available Scrapy objects:
[s]   scrapy     scrapy module (contains scrapy.Request, scrapy.Selector, etc)
[s]   crawler    <scrapy.crawler.Crawler object at 0x7fd18a669cc0>
[s]   item       {}
[s]   request    <GET http://example.python-scraping.com/view/United-Kingdom-239>
[s]   response   <200 http://example.python-scraping.com/view/United-Kingdom-239>
[s]   settings   <scrapy.settings.Settings object at 0x7fd189655940>
[s]   spider     <CountryOrDistrictSpider 'country_or_district' at 0x7fd1893dd320>
[s] Useful shortcuts:
[s]   fetch(url[, redirect=True]) Fetch URL and update local objects (by default, redirects are followed)
[s]   fetch(req)                  Fetch a scrapy.Request and update local objects
[s]   shelp()                     Shell help (print this help)
[s]   view(response)              View response in a browser
In [1]:
```

现在我们可以查询返回对象,检查哪些数据可以使用。

```
In [1]: response.url
Out[1]:'http://example.python-scraping.com/view/United-Kingdom-239'

In [2]: response.status
Out[2]: 200
```

Scrapy 使用 `lxml` 抓取数据,所以我们仍然可以使用第 2 章中用过的 CSS

选择器。

```
In [3]: response.css('tr#places_country_or_district__row td.w2p_fw::text')
[<Selector xpath=u"descendant-or-self::
    tr[@id = 'places_country_or_district__row']/descendant-or-self::
    */td[@class and contains(
    concat(' ', normalize-space(@class), ' '),
    ' w2p_fw ')]/text()" data=u'United Kingdom'>]
```

该方法返回一个 lxml 选择器的列表。你可能还能认出 Scrapy 和 lxml 用于选择 item 的一些 XPath 语法。正如我们在第 2 章所学到的，lxml 在抽取内容之前，会把所有的 CSS 选择器转换成 XPath。

为了从该国家（或地区）的数据行中实际获取文本，我们必须调用 extract() 方法。

```
In [4]: name_css = 'tr#places_country_or_district__row td.w2p_fw::text'

In [5]: response.css(name_css).extract()
Out[5]: [u'United Kingdom']

In [6]: pop_xpath =
'//tr[@id="places_population__row"]/td[@class="w2p_fw"]/text()'

In [7]: response.xpath(pop_xpath).extract()
Out[7]: [u'62,348,447']
```

如上面的输出所示，Scrapy 的 response 对象既可以使用 css 也可以使用 xpath 进行解析，使其变得非常灵活，无论明显的内容还是难以获取的内容都能够得到。

然后，可以在先前生成的 example/spiders/country_or_district.py 文件的 parse_item() 方法中使用这些选择器。请注意，我们使用了字典的语法设置 scrapy.Item 对象的属性。

```
def parse_item(self, response):
    item = CountryItem()
    name_css = 'tr#places_country_or_district__row td.w2p_fw::text'
```

```
        item['name'] = response.css(name_css).extract()
        pop_xpath =
'//tr[@id="places_population__row"]/td[@class="w2p_fw"]/text()'
        item['population'] = response.xpath(pop_xpath).extract()
        return item
```

8.4.1 检查结果

下面是该爬虫的完整代码。

```
class CountryOrDistrictSpider(CrawlSpider):
    name = 'country_or_district'
    start_urls = ['http://example.python-scraping.com/']
    allowed_domains = ['example.python-scraping.com']
    rules = (
        Rule(LinkExtractor(allow=r'/index/', deny=r'/user/'), follow=True),
        Rule(LinkExtractor(allow=r'/view/', deny=r'/user/'),
callback='parse_item')
    )

    def parse_item(self, response):
        item = CountryOrDistrictItem()
        name_css = 'tr#places_country_or_district__row td.w2p_fw::text'
        item['name'] = response.css(name_css).extract()
        pop_xpath =
'//tr[@id="places_population__row"]/td[@class="w2p_fw"]/text()'
        item['population'] = response.xpath(pop_xpath).extract()
        return item
```

要想保存结果，我们可以定义管道，或在我们的 settings.py 文件中配置输出设置。不过，Scrapy 还提供了一个更方便的 --output 选项，用于自动保存已抓取的条目，其可选格式包括 CSV、JSON 和 XML。

下面是该爬虫的最终版运行时的结果，它将会输出到一个 CSV 文件中，此外该爬虫的日志级别被设定为 INFO 以过滤不重要的信息。

```
$ scrapy crawl country_or_district --output=../../../data/scrapy_countries_
or_districts.csv -s
  LOG_LEVEL=INFO
2017-03-24 14:20:25 [scrapy.extensions.logstats] INFO: Crawled 277 pages
```

```
          (at 10 pages/min), scraped 249 items (at 9 items/min)
2017-03-24 14:20:42 [scrapy.core.engine] INFO: Closing spider (finished)
2017-03-24 14:20:42 [scrapy.statscollectors] INFO: Dumping Scrapy stats:
{'downloader/request_bytes': 158580,
 'downloader/request_count': 280,
 'downloader/request_method_count/GET': 280,
 'downloader/response_bytes': 944210,
 'downloader/response_count': 280,
 'downloader/response_status_count/200': 280,
 'dupefilter/filtered': 61,
 'finish_reason': 'finished',
 'finish_time': datetime.datetime(2017, 3, 24, 13, 20, 42, 792220),
 'item_scraped_count': 252,
 'log_count/INFO': 35,
 'request_depth_max': 26,
 'response_received_count': 280,
 'scheduler/dequeued': 279,
 'scheduler/dequeued/memory': 279,
 'scheduler/enqueued': 279,
 'scheduler/enqueued/memory': 279,
 'start_time': datetime.datetime(2017, 3, 24, 12, 52, 25, 733163)}
2017-03-24 14:20:42 [scrapy.core.engine] INFO: Spider closed (finished)
```

在爬取过程的最后阶段，Scrapy 会输出一些统计信息，给出爬虫运行的一些指标。从统计结果中，我们可以了解到爬虫总共爬取了 280 个网页，并抓取到其中的 252 个条目，这与数据库中的国家（或地区）数量一致，因此我们知道爬虫已经找到了所有的国家（或地区）数据。

> 你需要从 Scrapy 创建时生成的目录中运行 Scrapy 的 spider 和 crawl 命令（对于我们的项目来说是使用 startproject 命令创建的 example/ 目录）。爬虫使用 scrapy.cfg 以及 settings.py 文件来确定如何抓取以及抓取什么地方，并设置用于爬取或抓取的爬虫路径。

要想验证抓取的这些国家（或地区）信息正确与否，我们可以检查 countries_or_districts.csv 文件中的内容。

```
name,population
Afghanistan,"29,121,286"
```

```
Antigua and Barbuda,"86,754"
Antarctica,0
Anguilla,"13,254"
Angola,"13,068,161"
Andorra,"84,000"
American Samoa,"57,881"
Algeria,"34,586,184"
Albania,"2,986,952"
Aland Islands,"26,711"
...
```

和预期一样，CSV 文件中包含了每个国家（或地区）的名称和人口数量。抓取这些数据所要编写的代码比第 2 章中的原始爬虫要少很多，这是因为 Scrapy 提供了一些高级功能以及很好用的内置功能，比如内置的 CSV 写入功能。

在 8.5 节中，我们将使用 Portia 重新实现该爬虫，而且要编写的代码会更少。

8.4.2 中断与恢复爬虫

在抓取网站时，暂停爬虫并于稍后恢复而不是重新开始，有时会很有用。比如，软件更新后重启计算机，或是要爬取的网站出现错误需要稍后继续爬取时，都可能会中断爬虫。

非常方便的是，Scrapy 内置了对暂停与恢复爬取的支持，这样我们就不需要再修改示例爬虫了。要开启该功能，我们只需定义用于保存爬虫当前状态目录的 `JOBDIR` 设置即可。需要注意的是，多个爬虫的状态需要保存在不同的目录当中。

下面是在我们的爬虫中使用该功能的示例。

```
$ scrapy crawl country_or_district -s LOG_LEVEL=DEBUG -s
JOBDIR=../../../data/crawls/country_or_district
...
2017-03-24 13:41:54 [scrapy.core.engine] DEBUG: Crawled (200) <GET
http://example.python-scraping.com/view/Anguilla-8> (referer:
http://example.python-scraping.com/)
2017-03-24 13:41:54 [scrapy.core.scraper] DEBUG: Scraped from <200
http://example.python-scraping.com/view/Anguilla-8>
```

```
{'name': ['Anguilla'], 'population': ['13,254']}
2017-03-24 13:41:59 [scrapy.core.engine] DEBUG: Crawled (200) <GET
http://example.python-scraping.com/view/Angola-7> (referer:
http://example.python-scraping.com/)
2017-03-24 13:41:59 [scrapy.core.scraper] DEBUG: Scraped from <200
http://example.python-scraping.com/view/Angola-7>
{'name': ['Angola'], 'population': ['13,068,161']}
2017-03-24 13:42:04 [scrapy.core.engine] DEBUG: Crawled (200) <GET
http://example.python-scraping.com/view/Andorra-6> (referer:
http://example.python-scraping.com/)
2017-03-24 13:42:04 [scrapy.core.scraper] DEBUG: Scraped from <200
http://example.python-scraping.com/view/Andorra-6>
{'name': ['Andorra'], 'population': ['84,000']}
^C2017-03-24 13:42:10 [scrapy.crawler] INFO: Received SIG_SETMASK,
shutting
down gracefully. Send again to force
...
[country] INFO: Spider closed (shutdown)
```

在上面的执行过程中，我们看到行中出现了一个^C，表示 Received SIG_SETMASK，这和本章前面用于停止抓取的 *Ctrl* + *C* 或 *cmd* + *C* 是相同的。想要 Scrapy 保存爬虫状态，就必须等待它正常结束，而不能经受不住诱惑再次按下终止键强行立即关闭！现在，爬虫状态保存在 `crawls/country_or_district` 的 `data` 目录中。如果我们查看该目录的话，可以在其中看到保存的文件（请注意，对于 Windows 用户来说，下面的命令及目录语法需要改变）。

```
$ ls ../../../data/crawls/country_or_district/
requests.queue requests.seen spider.state
```

通过运行相同的命令，可以恢复爬取。

```
$ scrapy crawl country_or_district -s LOG_LEVEL=DEBUG -s
JOBDIR=../../../data/crawls/country_or_district
...
2017-03-24 13:49:49 [scrapy.core.engine] INFO: Spider opened
2017-03-24 13:49:49 [scrapy.core.scheduler] INFO: Resuming crawl (13
requests scheduled)
2017-03-24 13:49:49 [scrapy.extensions.logstats] INFO: Crawled 0 pages (at
0 pages/min), scraped 0 items (at 0 items/min)
```

```
2017-03-24 13:49:49 [scrapy.extensions.telnet] DEBUG: Telnet console
listening on 127.0.0.1:6023
2017-03-24 13:49:49 [scrapy.core.engine] DEBUG: Crawled (200) <GET
http://example.python-scraping.com/robots.txt> (referer: None)
2017-03-24 13:49:54 [scrapy.core.engine] DEBUG: Crawled (200) <GET
http://example.python-scraping.com/view/Cameroon-40> (referer:
http://example.python-scraping.com/index/3)
2017-03-24 13:49:54 [scrapy.core.scraper] DEBUG: Scraped from <200
http://example.python-scraping.com/view/Cameroon-40>
{'name': ['Cameroon'], 'population': ['19,294,149']}
...
```

此时，爬虫从刚才暂停的地方恢复运行，和正常启动一样继续进行爬取。该功能对于我们的示例网站而言用处不大，因为要下载的页面数量是可控的。不过，对于那些需要爬取几个月的大型网站而言，能够暂停和恢复爬虫就非常方便了。

有一些边界情况在这里没有覆盖，可能会在恢复爬取时产生问题，比如 cookie 和会话过期等。此类问题可以从 Scrapy 的官方文档中进行详细了解，其网址为 http://doc.scrapy.org/en/latest/topics/jobs.html。

Scrapy 性能调优

如果我们检测示例网站的初始完整抓取，记录开始和结束时间的话，会发现该抓取过程花费了大约 1,697 秒的时间。如果我们计算每个页面（平均）多少秒的话，会得到每个页面大约花费了 6 秒的时间。已知我们没有使用 Scrapy 的并发功能，以及我们在两次请求之间添加了 5 秒的延时，也就意味着 Scrapy 解析以及抽取数据的时间大约在每个页面 1 秒左右（请回顾第 2 章中的内容，我们使用 XPath 的最快抓取是 1.07s）。本书作者之一 Richard Lawson 在 PyCon 2014 的演讲中对比了不同网络爬虫库的速度，即便如此，Scrapy 仍然比我能找到的任何其他爬虫库都快得多。我编写过一个简单的 Google 搜索爬虫，每秒返回（平均）100 个请求。从那之后，Scrapy 又经过了很长的一段路，我也总是推荐它作为性能最好的 Python 爬虫框架。

除了利用 Scrapy 使用的并发性（通过 Twisted）以外，Scrapy 还可以使用类似页面缓存以及其他性能注意事项（比如利用代理以允许针对同一站点的更多并发请求）进行调优。为了安装缓存，你应该首先阅读缓存中间件的文档（https://doc.scrapy.org/en/latest/topics/downloader-middleware.html#module-scrapy.downloadermiddlewares.httpcache）。你可能已经在 settings.py 文件中见到过几个很好的实现正确缓存设置的例子。对于实现代理来说，也有一些很有帮助的库（因为 Scrapy 只能访问简单的中间件类）。当前最流行的库是 scrapy-proxies，其地址为 https://github.com/aivarsk/scrapy-proxies，它已经支持 Python 3，并且很容易整合。

和往常一样，库和推荐的设置可能会改变，因此阅读最新的 Scrapy 文档应该始终是你检测性能以及变更爬虫的第一站。

8.5 使用 Portia 编写可视化爬虫

Portia 是一款基于 Scrapy 开发的开源工具，该工具可以通过点击要抓取的网页部分来创建爬虫。该方法要比手工创建 CSS 或 XPath 选择器的方式更加方便。

8.5.1 安装

Portia 是一款非常强大的工具，为了实现其功能需要依赖很多外部库。由于该工具相对较新，因此下面我们会稍微介绍一下它的安装步骤。如果未来该工具的安装步骤有所简化，可以从其最新文档中获取安装方法。当前运行 Portia 的推荐方式是使用 Docker（开源容器框架）。如果你还没有安装 Docker，则需要遵照最新的说明先进行安装。

Docker 安装好并运行起来后，你可以拉取 scrapinghub 的镜像并启动。首先，你需要位于想要创建新的 Portia 项目的目录中，并运行如下命令。

```
$ docker run -v ~/portia_projects:/app/data/projects:rw -p 9001:9001
scrapinghub/portia:portia-2.0.7
Unable to find image 'scrapinghub/portia:portia-2.0.7' locally
latest: Pulling from scrapinghub/portia
...
2017-03-28 12:57:42.711720 [-] Site starting on 9002
2017-03-28 12:57:42.711818 [-] Starting factory <slyd.server.Site
instance
    at 0x7f57334e61b8>
```

在该命令中，我们创建了一个新的目录~/portia_projects。如果你希望将 Portia 项目存储在其他地方，可以修改-v 命令，指向你想要存储 Portia 文件的绝对文件路径。

最后几行显示 Portia 网站已经启动并且正在运行。现在，可以通过浏览器访问 http://localhost:9001/进入该网站。

初始屏幕类似图 8.1 所示。

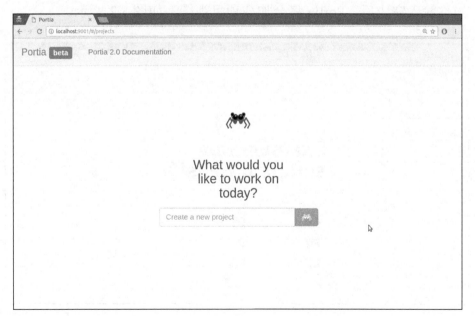

图 8.1

如果你在安装过程中遇到了问题,可以查看 Portia 的问题页,网址为 `https://github.com/scrapinghub/portia/issues`,也许其他人已经经历过相同的问题并且找到了解决方案。在本书中,我使用了指定的 Portia 镜像(`scrapinghub/portia:portia-2.0.7`),不过你也可以尝试使用官方发布的最新版本:`scrapinghub/portia`。

此外,我建议始终使用 README 文件及 Portia 文档中记录的最新推荐说明,即使这些说明与本节中介绍的内容有所区别。Portia 目前正处于活跃的开发期,因此在本书出版之后,说明文档可能会发生变化。

8.5.2 标注

在 Portia 的启动页,页面会提示你输入项目名称。当你输入该文本后,将会有一个用于输入待抓取网站 URL 的文本框,比如输入 `http://example.python-scraping.com`。

当你输入完成后,Portia 将会加载项目视图,如图 8.2 所示。

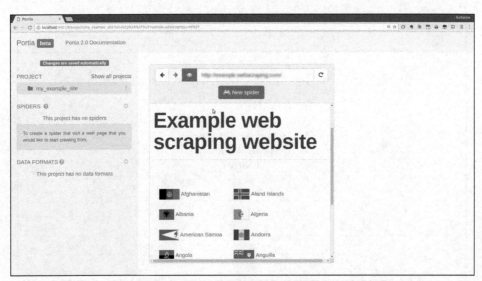

图 8.2

当你点击 **New Spider** 按钮时,可以看到如图 8.3 所示的爬虫视图。

8.5 使用 Portia 编写可视化爬虫

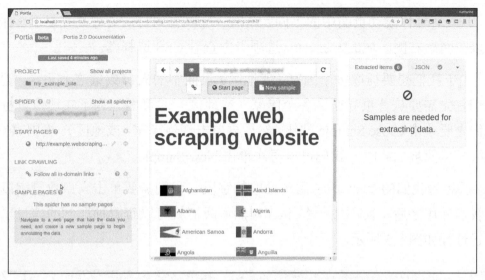

图 8.3

你会回忆起本章前面构建的 Scrapy 爬虫中的一些字段（比如起始页以及链接爬取规则）。默认情况下，爬虫名称被设置为域名（`example.python-scraping.com`），该名称可以通过单击相应标签进行修改。

接下来，单击 New Sample 按钮，开始从页面中收集数据，如图 8.4 所示。

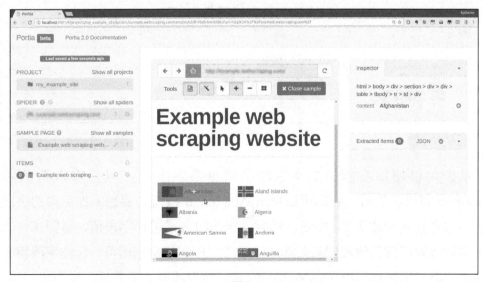

图 8.4

现在，当你滚动页面中的不同元素时，可以看到它们会被高亮显示。你还可以在网站右侧区域的 Inspector 选项卡中查看 CSS 选择器。

由于我们想要抓取每个国家（或地区）页面中的人口数量这个元素，因此我们首先需要从首页导航到各个国家（或地区）的页面。为了实现该目标，我们先要单击 Close Sample 按钮，然后再单击任何国家（或地区）。当国家（或地区）页面被加载时，我们可以再次单击 New Sample。

要想为我们的 item 添加用于抽取的字段，我们需要单击人口数量字段。在我们操作之后，会添加一个 item，然后我们就可以查看抽取到的信息了。上述过程如图 8.5 所示。

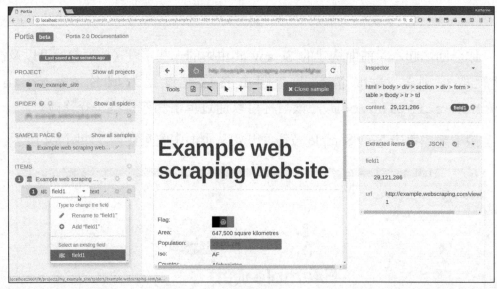

图 8.5

我们可以使用左侧的文本字段区域重命名字段，只需输入新的名称 population 即可。然后，我们可以单击 Add Field 按钮。要想添加更多的字段，我们可以通过先单击大的+按钮，然后以相同的方式选择字段值，对国家（或地区）名称以及任何其他我们感兴趣的字段进行相同的操作即可。标注字段将会在网页中高亮显示，你可以在 extracted items 区域查看抽取的数据，如图 8.6 所示。

图 8.6

如果你想删除任何字段，只需使用字段名称旁边的红色的-符号即可。当标注完成后，单击顶部蓝色的 Close sample 按钮。如果之后你想下载爬虫，用于在 Scrapy 项目中运行，则可以通过单击爬虫名称后边的链接来实现，如图 8.7 所示。

图 8.7

你还可以在挂载的目录~/portia_projects 中查看你的所有爬虫及其设置。

8.5.3 运行爬虫

如果你是以 Docker 容器的方式运行 Portia，那么你可以使用相同的 Docker 镜像运行 portiacrawl 命令。首先，使用 *Ctrl + C* 停止你当前的容器。然后，运行如下命令。

```
docker run -i -t --rm -v ~/portia_projects:/app/data/projects:rw -v
<OUTPUT_FOLDER>:/mnt:rw -p 9001:9001 scrapinghub/portia portiacrawl
/app/data/projects/<PROJECT_NAME> example.python-scraping.com -o
/mnt/example.python-scraping.com.jl
```

请确保更新 OUTPUT_FOLDER 为你想要存储输出文件的绝对路径，PROJECT_NAME 变量为你在启动项目时使用的名称（我这里是 my_example_site）。你应该可以看到和运行 Scrapy 时相似的输出。你可能会注意到有一些错误信息（这是由于未修改下载延迟或并发请求造成的——这两种情况都可以在 Web 界面中通过修改项目和爬虫的设置来解决）。当使用 -s 选项运行时，你还可以向爬虫传输额外的设置。我的命令如下所示。

```
docker run -i -t --rm -v ~/portia_projects:/app/data/projects:rw -v
~/portia_output:/mnt:rw -p 9001:9001 scrapinghub/portia portiacrawl
/app/data/projects/my_example_site example.python-scraping.com -o
/mnt/example.python-scraping.com.jl-s CONCURRENT_REQUESTS_PER_DOMAIN=1 -s
DOWNLOAD_DELAY=5
```

8.5.4 检查结果

当爬虫完成时，你可以在你创建的输出目录中查看结果。

```
$ head ~/portia_output/example.python-scraping.com.jl
{"_type": "Example web scraping website1", "url":
"http://example.python-scraping.com/view/Antigua-and-Barbuda-10",
"phone_code": ["+1-268"], "_template": "98ed-4785-8e1b",
```

```
"country_or_district_name": ["Antigua and Barbuda"], "population": ["86,754"]}
{"_template": "98ed-4785-8e1b", "country_or_district_name": ["Antarctica"],
"_type": "Example web scraping website1", "url":
"http://example.python-scraping.com/view/Antarctica-9", "population":
["0"]}
{"_type": "Example web scraping website1", "url":
"http://example.python-scraping.com/view/Anguilla-8", "phone_code":
["+1-264"], "_template": "98ed-4785-8e1b", "country_name":
["Anguilla"], "population": ["13,254"]}
...
```

这里是一些抓取结果的示例。如你所见，它们是 JSON 格式的。如果你想导出为 CSV 格式，只需修改输出文件名以 .csv 结尾即可。

只需在网站上点击几下，并且了解一些 Docker 的说明，你就能够抓取示例网站了！Portia 是一个非常方便的工具，尤其适用于简单网站，或是你需要与非开发人员合作时。另一方面，对于更复杂的网站，你始终可以选择是直接在 Python 中开发 Scrapy 爬虫，还是使用 Portia 开发第一个迭代，并使用自己的 Python 技能对其进行扩展。

8.6 使用 Scrapely 实现自动化抓取

为了抓取标注域，Portia 使用了 **Scrapely** 库，这是一款独立于 Portia 之外的非常有用的开源工具。Scrapely 使用训练数据建立从网页中抓取哪些内容的模型。之后，训练模型可以在抓取相同结构的其他网页时得以应用。

你可以使用 pip 安装它。

```
pip install scrapely
```

下面是该工具的运行示例。

```
>>> from scrapely import Scraper
>>> s = Scraper()
>>> train_url = 'http://example.python-scraping.com/view/Afghanistan-1'
>>>     s.train(train_url, {'name': 'Afghanistan', 'population': '29,121,286'})
```

```
>>> test_url = 'http://example.python-scraping.com/view/United-Kingdom-239'
>>> s.scrape(test_url)
[{u'name': [u'United Kingdom'], u'population': [u'62,348,447']}]
```

首先，将我们想要从 Afghanistan 网页中抓取的数据传给 Scrapely 以训练模型（本例中是国家（或地区）名称和人口数量）。然后，在另一个不同的国家（或地区）页上应用该模型，可以看出 Scrapely 使用该训练模型返回了正确的国家（或地区）名称和人口数量。

这一工作流允许我们无须知晓网页结构，只是把所需内容抽取出来作为训练案例（或多个训练案例），就可以抓取网页。如果网页内容是静态的，在布局发生改变时，这种方法就会非常有用。例如一个新闻网站，已发表文章的文本一般不会发生变化，但是其布局可能会更新。这种情况下，Scrapely 可以使用相同的数据重新训练，针对新的网站结构生成模型。为了使该例正常工作，你需要将训练数据存储在某个地方以便复用。

在测试 Scrapely 时，此处使用的示例网页具有良好的结构，每个数据类型的标签和属性都是独立的，因此 Scrapely 可以很轻松地正确训练模型。而对于更加复杂的网页，Scrapely 可能会在定位内容时失败。在 Scrapely 的文档中会警告你应当"谨慎训练"。由于机器学习正在逐渐变快变简单，也许会有更加稳健的自动化爬虫库发布，不过就目前而言，了解如何使用本书中介绍的技术直接抓取网站仍然是非常有用的。

8.7 本章小结

本章首先介绍了网络爬虫框架 Scrapy，该框架拥有很多能够改善抓取网站效率的高级功能。然后，我们介绍了 Portia，它提供了生成 Scrapy 爬虫的可视化界面。最后我们试用了 Scrapely（Portia 中使用了该库），它通过先训练简单模型的方式自动化抓取网页。

下一章中，我们将应用前面学到的这些技巧来抓取现实世界中的网站。

第 9 章
综合应用

目前为止，本书介绍的爬虫技术都是应用于一个定制网站，这样可以帮助我们更加专注于学习特定技巧。而在本章中，我们将分析几个真实网站，来看看我们在本书中学过的这些技巧是如何应用的。首先我们使用 Google 演示一个真实的搜索表单，然后是依赖 JavaScript 和 API 的网站 Facebook，接下来是典型的在线商店 Gap，最后是拥有地图接口的宝马官网。由于这些都是活跃的网站，因此读者在阅读本书时这些网站存在已经发生变更的风险。不过这样也好，因为本章示例的目的是为了向你展示如何应用前面所学的技术，而不是展示如何抓取任何网站。当你选择运行某个示例时，首先需要检查网站结构在示例编写后是否发生过改变，以及当前该网站的条款与条件是否禁止了爬虫。

在本章中，我们将介绍如下主题：

- 抓取 Google 搜索结果网页；
- 调研 Facebook 的 API；
- 在 Gap 网站中使用多线程；
- 对宝马经销商定位页面进行逆向工程。

9.1 Google 搜索引擎

为了了解我们对 CSS 选择器知识的使用情况，我们将会抓取 Google 的搜索结果。根据第 4 章中 Alexa 的数据，Google 是全世界最流行的网站之一，而且非常方便的是，该网站结构简单，易于抓取。

 Google 国际化版本可能会根据你的地理位置跳转到指定国家（或地区）的版本。在下述示例中，Google 将被设置为罗马尼亚的版本，因此你的结果可能会看起来有些区别。

图 9.1 所示为 Google 搜索主页使用浏览器工具加载查看表单元素时的界面。

图9.1

可以看到，搜索查询存储在输入参数 q 当中，然后表单提交到 action 属性设定的/search 路径。我们可以通过将 test 作为搜索条件提交给表单对其进行测试，此时会跳转到类似 https://www.google.ro/?gws_rd=cr,ssl&ei=TuXYWJXqBsGsswHO8YiQAQ#q=test&* 的 URL 中。确切的 URL 取决于你的浏览器和地理位置。此外，如果开启了 Google 实时，那么搜索结果会使用 AJAX 执行动态加载，而不再需要提交表单。虽然 URL 中包含了很多参数，但是只有用于查询的参数 q 是必需的。

当 URL 为 `https://www.google.com/search?q=test` 时，也能产生相同的搜索结果，如图 9.2 所示。

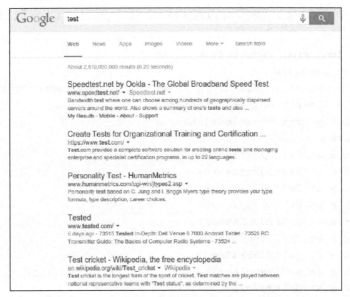

图 9.2

搜索结果的结构可以使用浏览器工具来查看，如图 9.3 所示。

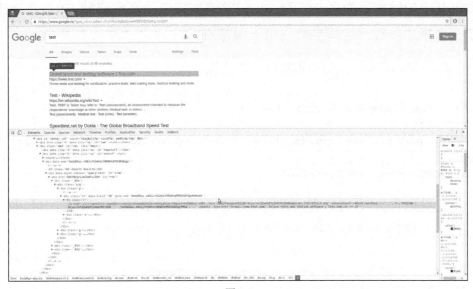

图 9.3

从图 9.3 中可以看出，搜索结果是以链接的形式出现的，并且其父元素是 class 为"r"的<h3>标签。

想要抓取搜索结果，我们可以使用第 2 章中介绍的 CSS 选择器。

```
>>> from lxml.html import fromstring
>>> import requests
>>> html = requests.get('https://www.google.com/search?q=test')
>>> tree = fromstring(html.content)
>>> results = tree.cssselect('h3.r a')
>>> results
[<Element a at 0x7f3d9affeaf8>,
 <Element a at 0x7f3d9affe890>,
 <Element a at 0x7f3d9affe8e8>,
 <Element a at 0x7f3d9affeaa0>,
 <Element a at 0x7f3d9b1a9e68>,
 <Element a at 0x7f3d9b1a9c58>,
 <Element a at 0x7f3d9b1a9ec0>,
 <Element a at 0x7f3d9b1a9f18>,
 <Element a at 0x7f3d9b1a9f70>,
 <Element a at 0x7f3d9b1a9fc8>]
```

到目前为止，我们已经下载得到了 Google 的搜索结果，并且使用 lxml 抽取出其中的链接。在图 9.3 中，我们发现链接中的真实网站 URL 之后还包含了一串附加参数，这些参数将用于跟踪点击。

下面是我们在页面中找到的第一个链接。

```
>>> link = results[0].get('href')
>>> link
'/url?q=http://www.speedtest.net/&sa=U&ved=0ahUKEwiCqMHNuvbSAhXD6gTMAA&usg=
AFQjCNGXsvN-v4izEgZFzfkIvg'
```

这里我们需要的内容是 http://www.speedtest.net/，可以使用 urlparse 模块从查询字符串中将其解析出来。

```
>>> from urllib.parse import parse_qs, urlparse
>>> qs = urlparse(link).query
```

```
>>> parsed_qs = parse_qs(qs)
>>> parsed_qs
{'q': ['http://www.speedtest.net/'],
 'sa': ['U'],
 'ved': ['0ahUKEwiCqMHNuvbSAhXD6gTMAA'],
 'usg': ['AFQjCNGXsvN-v4izEgZFzfkIvg']}
>>> parsed_qs.get('q', [])
['http://www.speedtest.net/']
```

该查询字符串解析方法可以用于抽取所有链接。

```
>>> links = []
>>> for result in results:
...     link = result.get('href')
...     qs = urlparse(link).query
...     links.extend(parse_qs(qs).get('q', []))
...
>>> links
['http://www.speedtest.net/',
'test',
'https://www.test.com/',
'https://ro.wikipedia.org/wiki/Test',
'https://en.wikipedia.org/wiki/Test',
'https://www.sri.ro/verificati-va-aptitudinile-1',
'https://www.sie.ro/AgentiaDeSpionaj/test-inteligenta.html',
'http://www.hindustantimes.com/cricket/india-vs-australia-live-cricket
-scor
  e-4th-test-dharamsala-day-3/story-8K124GMEBoiKOgiAaaB5bN.html',
  'https://sports.ndtv.com/india-vs-australia-2017/live-cricket-score-in
dia-v
  s-australia-4th-test-day-3-dharamsala-1673771',
'http://pearsonpte.com/test-format/']
```

成功了！从 Google 搜索中得到的链接已经被成功抓取出来了。该示例的完整源码位于本书源码文件的 `chp9` 文件夹中，其名为 `scrape_google.py`。

抓取 Google 搜索结果时会碰到的一个难点是，如果你的 IP 出现可疑行为，比如下载速度过快，则会出现验证码图像，如图 9.4 所示。

我们可以使用第 7 章中介绍的技术来解决验证码图像这一问题，不过更好的方法是降低下载速度，或者在必须高速下载时使用代理，以避免被 Google

怀疑。过分请求 Google 会造成你的 IP 甚至是一个 IP 段被封禁，几个小时甚至几天无法访问 Google 的域名，所以请确保你能够礼貌地使用该网站，不会使你的家庭或办公室中的其他人（包括你自己）被列入黑名单。

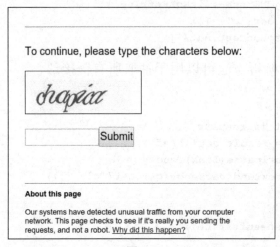

图 9.4

9.2 Facebook

为了演示浏览器和 API 的使用，我们将会研究 Facebook 的网站。目前，从月活用户数维度来看，Facebook 是世界上最大的社交网络之一，因此其用户数据非常有价值。

9.2.1 网站

图 9.5 所示为 Packt 出版社的 Facebook 页面。

当你查看该页的源代码时，可以找到最开始的几篇日志，但是后面的日志只有在浏览器滚动时才会通过 AJAX 加载。另外，Facebook 还提供了一个移动端界面，正如第 1 章所述，这种形式的界面通常更容易抓取。该页面在移动端的展示形式如图 9.6 所示。

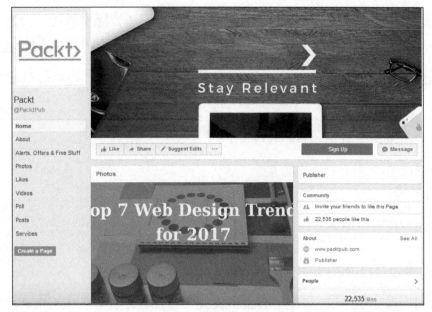

图 9.5

图 9.6

当我们与移动端网站进行交互，并使用浏览器工具查看时，会发现该界面使用了和之前相似的结构来处理 AJAX 事件，因此该方法无法简化抓取。虽然这些 AJAX 事件可以被逆向工程，但是不同类型的 Facebook 页面使用了不同的 AJAX 调用，而且依据我的过往经验，Facebook 经常会变更这些调用的结构，所以抓取这些页面需要持续维护。因此，如第 5 章所述，除非性能十分重要，否则最好使用浏览器渲染引擎执行 JavaScript 事件，然后访问生成的 HTML 页面。

下面的代码片段使用 Selenium 自动化登录 Facebook，并跳转到给定页面的 URL。

```
from selenium import webdriver

def get_driver():
    try:
        return webdriver.PhantomJS()
    except:
        return webdriver.Firefox()

def facebook(username, password, url):
    driver = get_driver()
    driver.get('https://facebook.com')
    driver.find_element_by_id('email').send_keys(username)
    driver.find_element_by_id('pass').send_keys(password)
    driver.find_element_by_id('loginbutton').submit()
    driver.implicitly_wait(30)
    # wait until the search box is available,
    # which means it has successfully logged in
    search = driver.find_element_by_name('q')
    # now logged in so can go to the page of interest
    driver.get(url)
    # add code to scrape data of interest here ...
```

然后，可以调用该函数加载你感兴趣的 Facebook 页面，并使用合法的 Facebook 邮箱和密码，抓取生成的 HTML 页面。

9.2.2 Facebook API

如第 1 章所述，抓取网站是在其数据没有给出结构化格式时的最末之选。而 Facebook 确实为绝大多数公共或私有（通过你的用户账号）数据提供了 API，因此我们需要在构建加强的浏览器抓取之前，首先检查一下这些 API 提供的访问是否已经能够满足需求。

首先要做的事情是确定通过 API 哪些数据是可用的。为了解决该问题，我们需要先查阅其 API 文档。开发者文档的网址为 `https://developers.facebook.com/docs`，在这里给出了所有不同类型的 API，包括图谱 API，该 API 中包含了我们想要的信息。如果你需要构建与 Facebook 的其他交互（通过 API 或 SDK），可以随时查阅该文档，该文档会定期更新并且易于使用。

此外，根据文档链接，我们还可以使用浏览器内的图谱 API 探索工具，其地址为 `https://developers.facebook.com/tools/explorer/`。如图 9.7 所示，探索工具是用来测试查询及其结果的很好的地方。

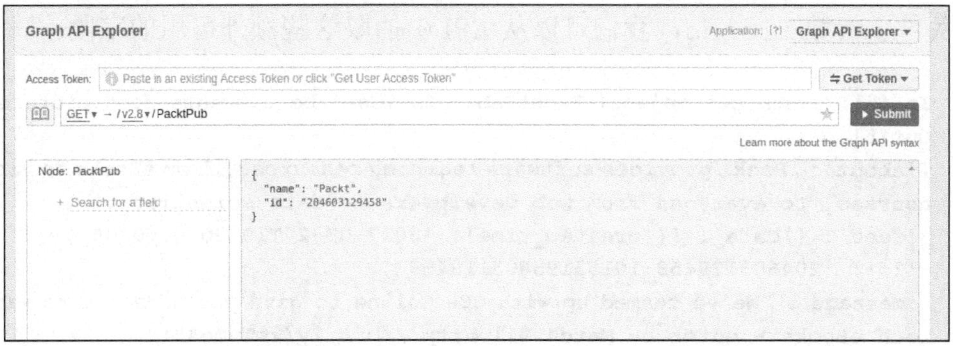

图 9.7

在这里，我可以搜索 API，获取 PacktPub 的 Facebook 页面 ID。图谱探索工具还可以用来生成访问口令，我们可以用它来定位 API。

想要在 Python 中使用图谱 API，我们需要使用具有更高级请求的特殊访问口令。幸运的是，有一个名为 `facebook-sdk` (`https://facebook-sdk.readthedocs.io`) 的维护良好的库可以供我们使用。我们只需通过 `pip` 安装它即可。

```
pip install facebook-sdk
```

下面是使用 Facebook 的图谱 API 从 Packt 出版社页面中抽取数据的代码示例。

```
In [1]: from facebook import GraphAPI

In [2]: access_token = '....' # insert your actual token here
```

```
In [3]: graph = GraphAPI(access_token=access_token, version='2.7')

In [4]: graph.get_object('PacktPub')
Out[4]: {'id': '204603129458', 'name': 'Packt'}
```

我们可以看到和基于浏览器的图谱探索工具相同的结果。我们可以通过传递想要抽取的额外信息，来获得页面中的更多信息。要确定使用哪些信息，我们可以在图谱文档中看到页面中所有可用的字段，文档地址为 https://developers.facebook.com/docs/graph-api/reference/page/。使用关键字参数 fields，我们可以从 API 中抽取这些额外可用的字段。

```
In [5]: graph.get_object('PacktPub', fields='about,events,feed,picture')
Out[5]:
{'about': 'Packt provides software learning resources, from eBooks to video
courses, to everyone from web developers to data scientists.',
 'feed': {'data': [{'created_time': '2017-03-27T10:30:00+0000',
 'id': '204603129458_10155195603119459',
 'message': "We've teamed up with CBR Online to give you a chance to win 5
tech eBooks - enter by March 31! http://bit.ly/2mTvmeA"},
...
 'id': '204603129458',
 'picture': {'data': {'is_silhouette': False,
 'url':
'https://scontent.xx.fbcdn.net/v/t1.0-1/p50x50/14681705_10154660327349459_7
2357248532027065_n.png?oh=d0a26e6c8a00cf7e6ce957ed2065e430&oe=59660265'}}}
```

我们可以看到该响应是格式良好的 Python 字典，我们可以很容易地进行解析。

图谱 API 还提供了很多访问用户数据的其他调用，其文档可以从 Facebook 的开发者页面中获取，网址为 https://developers.facebook.com/docs/graph-api。根据所需数据的不同，你可能还需要创建一个 Facebook 开发者应用，从而获得可用时间更长的访问口令。

9.3 Gap

为了演示使用网站地图查看内容，我们将使用 Gap 的网站。

9.3 Gap

Gap 拥有一个结构化良好的网站，通过 Sitemap 可以帮助网络爬虫定位其最新的内容。如果我们使用第 1 章中学到的技术调研该网站，则会发现在 `http://www.gap.com/robots.txt` 这一网址下的 `robots.txt` 文件中包含了网站地图的链接。

```
Sitemap: http://www.gap.com/products/sitemap_index.xml
```

下面是链接的 `Sitemap` 文件中的内容。

```
<?xml version="1.0" encoding="UTF-8"?>
<sitemapindex xmlns="http://www.sitemaps.org/schemas/sitemap/0.9">
    <sitemap>
        <loc>http://www.gap.com/products/sitemap_1.xml</loc>
        <lastmod>2017-03-24</lastmod>
    </sitemap>
    <sitemap>
        <loc>http://www.gap.com/products/sitemap_2.xml</loc>
        <lastmod>2017-03-24</lastmod>
    </sitemap>
</sitemapindex>
```

如上所示，Sitemap 链接中的内容不仅仅是索引，其中又包含了其他 `Sitemap` 文件的链接。这些其他的 `Sitemap` 文件中则包含了数千种产品类目的链接，比如 `http://www.gap.com/products/womens-jogger-pants.jsp`，如图 9.8 所示。

图 9.8

第 9 章 综合应用

这里有大量需要爬取的内容，因此我们将使用第 4 章中开发的多线程爬虫。你可能还记得该爬虫支持 URL 模式以匹配页面。我们同样可以定义一个 `scraper_callback` 关键字参数变量，可以让我们解析更多链接。

下面是爬取 Gap 网站中 Sitemap 链接的示例回调函数。

```
from lxml import etree
from threaded_crawler import threaded_crawler

def scrape_callback(url, html):
    if url.endswith('.xml'):
        # Parse the sitemap XML file
        tree = etree.fromstring(html)
        links = [e[0].text for e in tree]
        return links
    else:
        # Add scraping code here
        pass
```

该回调函数首先检查下载到的 URL 的扩展名。如果扩展名为 .xml，则认为下载到的 URL 是 Sitemap 文件，然后使用 lxml 的 etree 模块解析 XML 文件并从中抽取链接。否则，认为这是一个类目 URL，不过本例中还没有实现抓取类目的功能。现在，我们可以在多线程爬虫中使用该回调函数来爬取 gap.com 了。

```
In [1]: from chp9.gap_scraper_callback import scrape_callback

In [2]: from chp4.threaded_crawler import threaded_crawler

In [3]: sitemap = 'http://www.gap.com/products/sitemap_index.xml'

In [4]: threaded_crawler(sitemap, '[gap.com]*',
scraper_callback=scrape_callback)
10
[<Thread(Thread-517, started daemon 140145732585216)>]
Exception in thread Thread-517:
Traceback (most recent call last):
...
```

```
File "src/lxml/parser.pxi", line 1843, in lxml.etree._parseMemoryDocument
(src/lxml/lxml.etree.c:118282)
ValueError: Unicode strings with encoding declaration are not supported.
Please use bytes input or XML fragments without declaration.
```

不幸的是，lxml 期望加载来自字节或 XML 片段的内容，而我们存储的是 Unicode 的响应（因为这样可以让我们使用正则表达式进行解析，并且可以更容易地存储到磁盘中，如第 3 章和第 4 章所述）。不过，我们依然可以在本函数中访问该 URL。虽然效率不高，但是我们可以再次加载页面；如果我们只对 XML 页面执行该操作，则可以减少请求的数量，从而不会增加太多加载时间。当然，如果我们使用了缓存的话，也可以提高效率。

下面我们将重写回调函数。

```
import requests

def scrape_callback(url, html):
    if url.endswith('.xml'):
        # Parse the sitemap XML file
        resp = requests.get(url)
        tree = etree.fromstring(resp.content)
        links = [e[0].text for e in tree]
        return links
    else:
        # Add scraping code here
        pass
```

现在，如果我们再次尝试运行，可以看到执行成功。

```
In [4]: threaded_crawler(sitemap, '[gap.com]*',
scraper_callback=scrape_callback)
10
[<Thread(Thread-51, started daemon 139775751223040)>]
Downloading: http://www.gap.com/products/sitemap_index.xml
Downloading: http://www.gap.com/products/sitemap_2.xml
Downloading: http://www.gap.com/products/gap-canada-français-index.jsp
Downloading: http://www.gap.co.uk/products/index.jsp
Skipping
http://www.gap.co.uk/products/low-impact-sport-bras-women-C1077315.jsp due
```

第 9 章 综合应用

```
to depth Skipping
http://www.gap.co.uk/products/sport-bras-women-C1077300.jsp due to depth
Skipping
http://www.gap.co.uk/products/long-sleeved-tees-tanks-women-C1077314.jsp
due to depth Skipping
http://www.gap.co.uk/products/short-sleeved-tees-tanks-women-C1077312.jsp
due to depth ...
```

和预期一致，`Sitemap` 文件首先被下载，然后是服装类目。在网络爬虫项目中，你会发现自己可能需要修改及调整代码和类，以适应新的问题。这只是从互联网上抓取内容时诸多令人兴奋的挑战之一。

9.4 宝马

为了研究如何对一个新的网站进行逆向工程，我们将以宝马官方网站作为示例。宝马官方网站中有一个查询本地经销商的搜索工具，其网址为 `https://www.bmw.de/de/home.html?entryType=dlo`，界面如图 9.9 所示。

图9.9

该工具将地理位置作为输入参数,然后在地图上显示附近的经销商地点,比如在图 9.10 中以 `Berlin` 作为搜索参数。

图 9.10

使用类似 Network 选项卡的浏览器开发者工具,我们会发现搜索触发了如下 AJAX 请求。

```
https://c2b-services.bmw.com/c2b-localsearch/services/api/v3/
    clients/BMWDIGITAL_DLO/DE/
        pois?country=DE&category=BM&maxResults=99&language=en&
            lat=52.507537768880056&lng=13.425269635701511
```

这里,`maxResults` 参数被设为 99。不过,我们可以使用第 1 章中介绍的技术增大该参数的值,以便在一次请求中下载所有经销商的地点。下面是将 `maxResults` 的值增加到 1000 时的输出结果。

```
>>> import requests
```

```
>>> url =
'https://c2b-services.bmw.com/c2b-localsearch/services/api/v3/clients/BMWDI
GITAL_DLO/DE/pois?country=DE&category=BM&maxResults=%d&language=en&
lat=52.507537768880056&lng=13.425269635701511'
>>> jsonp = requests.get(url % 1000)
>>> jsonp.content
'callback({"status":{
...
})'
```

AJAX 请求提供了 **JSONP** 格式的数据,其中 JSONP 是指**填充模式的 JSON**(**JSON with padding**)。这里的填充通常是指要调用的函数,而函数的参数则为纯 JSON 数据,在本例中调用的是 `callback` 函数。由于解析库不容易理解这种填充,因此我们需要移除它,使解析数据更合适。

要想使用 Python 的 `json` 模块解析该数据,首先需要将填充部分截取掉,我们可以通过切片操作来实现。

```
>>> import json
>>> pure_json = jsonp.text[jsonp.text.index('(') + 1 :
jsonp.text.rindex(')')]
>>> dealers = json.loads(pure_json)
>>> dealers.keys()
dict_keys(['status', 'translation', 'metadata', 'data', 'count'])
>>> dealers['count']
715
```

现在,我们已经将德国所有的宝马经销商加载到 JSON 对象中,可以看出目前总共有 715 个经销商。下面是第一个经销商的数据。

```
>>> dealers['data']['pois'][0]
{'attributes': {'businessTypeCodes': ['NO', 'PR'],
 'distributionBranches': ['T', 'F', 'G'],
 'distributionCode': 'NL',
 'distributionPartnerId': '00081',
 'facebookPlace': '',
 'fax': '+49 (30) 200992110',
 'homepage': 'http://bmw-partner.bmw.de/niederlassung-berlin-weissensee',
 'mail': 'nl.berlin@bmw.de',
```

```
'outletId': '3',
'outletTypes': ['FU'],
'phone': '+49 (30) 200990',
'requestServices': ['RFO', 'RID', 'TDA'],
'services': ['EB', 'PHEV']},
'category': 'BMW',
'city': 'Berlin',
'country': 'Germany',
'countryCode': 'DE',
'dist': 6.662869863289401,
'key': '00081_3',
'lat': 52.562568863415,
'lng': 13.463589476607,
'name': 'BMW AG Niederlassung Berlin Filiale Weißensee',
'oh': None,
'postalCode': '13088',
'postbox': None,
'state': None,
'street': 'Gehringstr. 20'}
```

现在可以保存我们感兴趣的数据了。下面的代码片段将经销商的名称和经纬度写入一个电子表格当中。

```
with open('../../data/bmw.csv', 'w') as fp:
    writer = csv.writer(fp)
    writer.writerow(['Name', 'Latitude', 'Longitude'])
    for dealer in dealers['data']['pois']:
        name = dealer['name']
        lat, lng = dealer['lat'], dealer['lng']
        writer.writerow([name, lat, lng])
```

运行该示例后，得到的 bmw.csv 表格中的内容类似如下所示。

```
Name,Latitude,Longitude
BMW AG Niederlassung Berlin Filiale Weissensee,52.562568863415,13.463589476607
Autohaus Graubaum GmbH,52.4528925,13.521265
Autohaus Reier GmbH & Co. KG,52.56473,13.32521
...
```

从宝马官网抓取数据的完整源代码位于本书源码文件的 chp9 文件夹中，

其名为 bmw_scraper.py。

> **翻译外文内容**
> 你可能已经注意到宝马的第一个截图（见图9.8）是德文的，而第二个截图（见图9.9）是英文的。这是因为第二个截图中的文本使用了Google翻译的浏览器扩展进行了翻译。当尝试了解如何在外文网站中定位时，这是一个非常有用的技术。宝马官网在经过翻译后，仍然可以正常运行。不过还是要当心Google翻译可能会破坏一些网站的正常运行，比如依赖原始值的表单，其中的下拉菜单内容被翻译时就会出现问题。
> 在Chrome中，Google翻译可以通过安装Google Translate扩展获得；在Firefox中，可以安装Google Translator插件；而在IE中，则可以安装Google Toolbar。此外，还可以使用http://translate.google.com进行翻译，不过这样只会对原始文本有用，因此它不会保存格式。

9.5 本章小结

本章分析了几个著名网站，并演示了如何在其中应用本书中介绍过的技术。我们在抓取Google结果页时使用了CSS选择器，对Facebook页面测试了浏览器渲染引擎和API，在爬取Gap时使用了Sitemap，在从地图中抓取所有宝马经销商时利用了AJAX调用。

现在，你可以运用本书中介绍的技术来抓取包含有你感兴趣数据的网站了。正如本章的演示，本书中所学的工具和方法可以帮助你从互联网上抓取许多不同的网站和内容。我希望这将开启你抽取网络内容以及使用Python进行自动化数据抽取的漫长而又硕果累累的生涯！